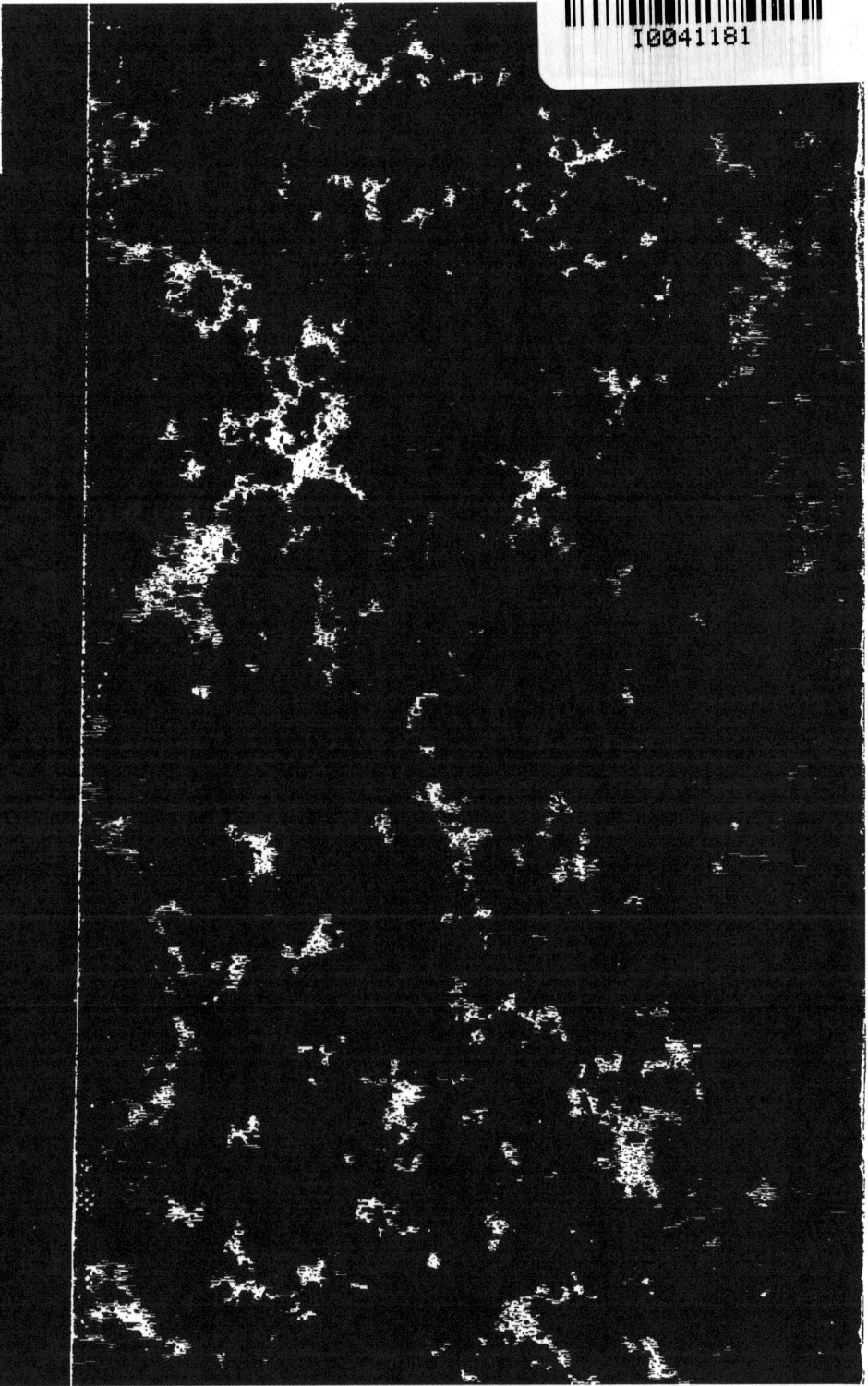

TRAITÉ

SUR

LES VINS DU MÉDOC

ET

LES AUTRES VINS ROUGES

DU DÉPARTEMENT DE LA GIRONDE.

C.

TRAITÉ

SUR

LES VINS DU MÉDOC

ET

LES AUTRES VINS ROUGES

DU DÉPARTEMENT DE LA GIRONDE,

PAR

W.ᵐ FRANCK.

À Bordeaux,

DE L'IMPRIMERIE DE LAGUILLOTIÈRE ET COMP.ᵉ,

RUE DU GRAND-CANCERA, N.º 17, PRÈS DE LA RUE S.ᵗᵉ-CATHERINE.

1824.

TRAITÉ

SUR

LES VINS DU MÉDOC

ET

LES AUTRES VINS ROUGES

DU DÉPARTEMENT DE LA GIRONDE,

PAR

Introduction.

CET écrit sur les vins rouges du département de la Gironde n'était pas destiné à voir le jour. Quelque expérience acquise dans cette branche importante de notre commerce m'a mis à même, dans différentes circonstances, de faire des observations que je notais, lorsque je jugeais qu'elles pouvaient m'être de quelque utilité. Ces notes se sont multipliées, et en leur donnant un certain ordre, pour mon propre usage, elles ont formé un traité assez complet sur une matière qui n'a point encore été exploitée et qui, cependant, ne laisse pas d'intéresser ceux qui se livrent au commerce des vins. J'étais bien loin de croire que ce petit travail, entrepris pour moi seul, serait un jour trouvé digne d'être lu et qu'il deviendrait utile à tout autre qu'à moi. Quelques amis à qui je l'ai communiqué, m'ont engagé à le revoir et à le faire imprimer. Aux choses flatteuses dont ils ont eu la bonté de me gratifier à cette occasion, ils ont daigné ajouter qu'ils étaient persuadés qu'un tel ouvrage serait essentiellement utile, non-seulement aux jeunes gens étrangers employés dans les maisons de commerce de cette ville, mais aussi à ceux qui se destinent à voyager dans le nord de l'Europe, dans l'objet d'étendre et d'entretenir la branche la plus précieuse de notre richesse com-

merciale. Les instances réitérées qu'ils m'ont faites et
le désir de contribuer en quelque chose à l'instruction d'une jeunesse laborieuse, ont vaincu la répu-
gnance que j'avais, de donner au public un ouvrage
qui n'était pas fait pour lui, et j'ai consenti à le livrer
à l'impression. Je serai assez payé de mes efforts, si
ce faible travail offre quelqu'avantage à mes conci-
toyens.

Assez généralement, les étrangers qui viennent à
Bordeaux pour s'instruire dans le commerce des vins,
trouvent peu l'occasion d'étudier la topographie des
vignobles de cette contrée et d'apprendre avantageu-
sement à déguster les différens vins du Bordelais. Les
moyens d'acquérir des connaissances si essentielles,
ne sont pas toujours faciles. Un vaste pays à parcourir,
presque toujours sans notions préliminaires ; des pré-
ventions et des prétentions trop souvent accréditées
par des opinions exagérées dans tous les sens ; la di-
vergence des sentimens sur le mérite réel des crûs
secondaires, sont autant d'obstacles à vaincre par l'é-
tranger qui veut fixer ses idées sur la situation des
lieux et sur les qualités de nos vins. C'est dans l'intention de leur rendre moins pénible et moins incer-
taine leur étude en ce genre, que je me suis décidé
à publier un travail, faible sans doute, à bien des
égards, mais dans lequel ils trouveront, toutefois, les
moyens de se procurer des connaissances théoriques
sur les diverses qualités de nos vins rouges et sur la
situation géographique des lieux qui les produisent,

Du reste, à l'aide de mes indications, ils pourront faire leurs excursions avec plus de fruit, et ils en retireront des avantages d'autant plus réels, que j'ai mis la plus sévère exactitude dans tout ce qui est relatif à la partie topographique de nos vignobles.

Je ne sache pas qu'on ait essayé de faire une classification de nos vins rouges par commune. J'ai tenté de remplir ce vide qui s'est trop souvent fait sentir à ceux qui veulent acquérir des connaissances positives dans cette branche de commerce. Ce n'est pas sans défiance que j'ai fait une telle entreprise. Il était impossible que je me dissimulasse les difficultés que j'aurais à vaincre, et combien une telle tâche était délicate. Je voyais à côté de l'obligation d'être juste et de dire toute ma pensée, des intérêts à menager, des prétentions à sacrifier, des préjugés à fronder, et surtout certaines opinions que le temps a respectées et qu'il me fallait pourtant braver. Toutes ces considérations m'auraient sans doute empêché de publier ce traité, si toutefois c'eût été ma première intention; mais aidé des conseils de nos meilleurs courtiers, dirigé dans mon travail par une justice scrupuleuse et par quelque habitude dans la dégustation, j'ai établi ma classification de la manière la plus propre à donner une idée juste et précise de chacun des crûs communaux de nos pays vignobles. Au reste, il est une vérité sur laquelle je dois appeler l'attention de mes lecteurs. Une classification de ce genre ne peut reposer, à bien des égards, que sur l'opinion; or l'opinion varie à des époques indéterminées; elle semble suivre la révolution du goût et le changement constant des modes. Elle peut bien se fixer un instant; mais l'instabilité des choses humaines l'emporte, et ce qui paraissait d'abord une chose bien établie, change de face et ne laisse bientôt aucune trace de sa première existence. Donc, le fond sur lequel j'ai formé ma classification est susceptible de varier, souvent d'année en année, ou à des périodes plus éloignées. C'est surtout lorsque les siècles, ont étendu leurs ravages, que ce changement est plus frappant. On peut se rappeler, par exemple, que les vignobles du Bourgeais ont produit les vins les plus renommés de notre pays et que leur prééminence fut telle, il y a cent cinquante ans, que celui qui était en même temps propriétaire de vignobles dans le Bourgeais et dans le Médoc, ne vendait sa récolte de ce premier lieu, qu'en imposant à l'acheteur la condition expresse de le débarrasser de celle de ce pays dont les vins aujourd'hui sont si universellement estimés.

Au reste, il est plusieurs causes qui concourent puissamment à produire une bonne ou une mauvaise qualité de vin. Les unes sont naturelles, tels sont le sol, l'exposition des lieux, le cépage, l'âge de la vigne; les autres sont accidentelles, comme les influences atmosphériques, qui, trop souvent enlèvent les plus belles espérances; la culture plus ou moins négligée, les différens procédés employés dans l'acte de la fermentation, le soin plus ou moins scrupuleux qu'on apporte à bien loger cette liqueur si susceptible de contracter

un goût étranger et désagréable. Toutes ces causes et beaucoup d'autres semblables, peuvent évidemment altérer la qualité du vin, la déprécier fortuitement et ravir à ce délicieux breuvage cette saveur dont le principe est soumis par tant de circonstances à des changemens si variés. Écoutons à cet égard l'opinion de M. le comte de Chaptal : « Ceux qui étudient la
» marche de la nature dans l'œuvre sublime de la vé-
» gétation, ont sûrement observé combien est grande
» l'influence qu'exercent sur elle les causes les moins
» apparentes. La différence qui existe souvent entre
» les parties constituantes de deux terrains très-rap-
» prochés; celle qu'établit dans l'atmosphère d'un co-
» teau sa pente plus ou moins rapide, son inclination
» plus ou moins sensible vers l'un ou l'autre des points
» cardinaux; la forme et la nature des abris; sont autant
» de moyens qui agissent diversement sur les espèces
» ou variétés dont se compose la même famille de vé-
» gétaux; et, il n'en est point de plus susceptible de
» toutes ces impressions que celles qui appartiennent
» à la vigne. » Ailleurs le même auteur observe avec
beaucoup de justesse que « la surface plus ou moins
» inclinée du sol d'une vigne, quoique dans la même
» exposition, présente des modifications infinies. Le
» sommet, le milieu, le pied d'une colline donnent
» des produits très-différens : le sommet découvert
» reçoit à chaque instant l'impression de tous les
» changemens, de tous les mouvemens qui surviennent
» dans l'atmosphère; les vents fatiguent la vigne dans
» tous les sens; les brouillards y portent une impression

» plus constante et plus directe; la température y est
» plus variable et plus froide : toutes ces causes réunies
» font que le raisin y est, en général, moins abon-
» dant, qu'il parvient plus péniblement et incomplè-
» tement à maturité, et que le vin qui en provient a
» des qualités inférieures à celui que fournit le flanc
» de la colline, dont la position écarte l'effet funeste
» de la plûpart de ces causes. La base de la colline
» offre, à son tour, de très-graves inconvéniens : sans
» doute la fraîcheur constante du sol y nourrit une
» vigne vigoureuse, mais le raisin n'est jamais ni aussi
» sucré, ni aussi agréablement parfumé que vers la
» région moyenne; l'air qui y est constamment chargé
» d'humidité, la terre sans cesse imbibée d'eau, gros-
» sissent le raisin et forcent la végétation au détriment
» de la qualité. L'exposition la plus favorable à la vigne
» est entre le levant et le midi :

» Opportunus ager tepidos qui vergit ad æstus. »

« La manière de tailler la vigne, dit le même auteur,
» influe encore essentiellement sur la nature du vin.
» Plus on laisse de tiges à un cep, plus les raisins
» sont abondans, mais aussi moindre en est la qualité
» du vin. L'art de travailler la vigne, la manière de
» la planter, tout cela influe puissamment sur la qualité
» et la quantité du vin. »

Si l'on tient compte de ces justes réflexions, si l'on
s'arrête à des observations si judicieuses et si positives,

la conséquence qui découlera des principes posés,
sera sans doute, qu'une classification semblable à celle
que j'ai entreprise est ou impossible ou arbitraire,
qu'elle sera sans fondement fixe et qu'elle ne pourra,
dans aucune circonstance, offrir rien de certain. J'ap-
plaudis moi-même à un pareil raisonnement. Il serait
juste et concluant, si l'on envisageait une telle objection
sous un point de vue tout-à-fait général. Mais ce n'est
pas ainsi qu'il faut la présenter. J'ai dû faire reposer
mon travail sur le système le plus voisin de la vérité,
abstraction faite de toutes les causes accidentelles. J'ai
jugé la qualité du vin que pouvait produire chaque
crû, favorisé de toutes les influences heureuses ; je l'ai
supposée le résultat de tous les soins, de toutes les
précautions dont les propriétaires doivent faire usage
dans leurs propres intérêts, afin de ne pas nuire à la
réputation de leurs vins. Quant aux causes naturelles,
quelques-unes sont invariables souvent pendant des
siècles entiers; il ne faut rien moins qu'une de ces
révolutions étonnantes dont parlent les naturalistes,
pour changer la nature du terrain et pour le mettre
en rapport avec de nouvelles influences. Ces causes
doivent entièrement entrer dans les principes consti-
tutifs de la qualité, et dès-lors, on peut la juger pour
quelque temps sans craindre de commettre de trop
grandes erreurs. C'est ainsi que se conduisent plusieurs
de nos courtiers aux talens desquels il faut cependant
rendre justice. Leurs jugemens reposent sur l'étude
qu'ils font des localités, des cépages, des soins que
mettent les propriétaires dans les procédés vinificateurs,

de ceux qu'ils apportent dans la culture de leurs vignes et des précautions sages et constantes qu'ils emploient dans la manière de faire soigner leurs vins après la récolte. C'est en partie sur de semblables bases, jointes aux impressions que fait au goût la liqueur au moment de la première dégustation, qu'ils jugent presque toujours assez bien quelles seront les qualités dominantes des vins, à l'époque où ils seront en boîte.

Cette étude est d'un si grand poids dans leurs opérations, que ceux d'entr'eux qui *marquent* habituellement les premiers crûs, se chargent rarement de visiter les celliers des vins secondaires. Ils semblent même dédaigner de les goûter ; chez eux, les organes de la dégustation se sont tellement mis en rapport avec la saveur des grands vins, qu'ils deviennent moins propres à juger celle dont les principes actifs sont si différens.

C'est par suite de cette règle assez généralement suivie, qu'on refuse aux courtiers qui achètent ordinairement les petits vins, les connaissances nécessaires pour bien juger ceux des grands crûs. Je suis, d'ailleurs, porté à croire, que c'est en considération de cette différence dans l'étude de la dégustation, que le législateur a limité le rayon dans lequel il est permis à chaque classe de courtiers de faire ses achats, comme aussi, par une prévoyance éclairée, il accorde à ces derniers la faculté de transmettre leurs brevets à leurs fils, afin que des connaissances acquises par une longue et laborieuse

expérience ne soient point perdues pour le commerce.

Il me reste à prévenir ceux qui se destinent au
commerce des vins du Bordelais, que leur étude principale doit se diriger vers ces connaissances qu'on
n'acquiert que par l'expérience et l'observation dont
l'utilité est d'autant plus grande, qu'elles doivent avoir
pour objet tout ce qui se rapporte aux causes qui
influent immédiatement sur la qualité de nos vins et
sur leur plus ou moins grande abondance. C'est lorsqu'ils
seront riches d'une telle instruction, qu'ils pourront
tirer de justes conséquences sur les mouvemens que
doivent produire sur tous les marchés de l'Europe où
nous exportons nos récoltes, les avantages que les propriétaires ont retirés de leur culture et de leurs soins,
ou les pertes que leur a fait essuyer le mauvais résultat
de leurs vendanges. C'est alors qu'ils pourront comparer, analyser et juger enfin tous les procédés qui se
rattachent à l'art vinificateur, lesquels, toutefois, varient
dans presque tous nos pays vignobles, et qu'ils seront
à même de pouvoir apprécier ceux dont l'application
paraît plus ou moins avantageuse soit à la qualité, soit
à la quantité de nos vins. Ces connaissances auront
d'ailleurs une autre utilité, et c'est peut-être la plus
importante sous le rapport du commerce, c'est qu'elles
auront suffisamment préparé le jugement pour pouvoir
faire un bon choix des courtiers qui doivent être employés dans ces opérations, dont le bon résultat dépend

presque toujours de l'extrême attention qu'on a mise dans les achats. Ce sont, comme on le sait, les courtiers qui ordinairement nous guident dans ces sortes de transactions; il est donc indispensable de bien placer sa confiance sous le double rapport de la probité et de la réalité des connaissances.

Pour que mon traité fût plus facile à comprendre par ceux à qui j'ai cru devoir le communiquer, et afin de bien fixer leurs idées sur la statistique de ce département, j'y avais joint des extraits de l'*Almanach général de la préfecture de la Gironde*. J'avais d'abord pensé que je pouvais les supprimer; mais les personnes qui ont bien voulu m'engager à faire imprimer cet ouvrage, m'ont conseillé de ne point en détacher ces extraits qu'elles ont jugés très-propres à donner une connaissance assez exacte des localités de nos pays vignobles.

A la suite de la description de l'arrondissement de Lesparre, on trouvera la classification des vins rouges de la France, extraite de l'intéressant ouvrage de M. A. Jullien (1). J'ai pensé que je ne pouvais mieux faire que d'enrichir mon livre d'un travail qui s'y rattache si bien et qui peut avoir l'avantage de conduire à une comparaison, si non flatteuse pour moi, mais utile aux connaissances qu'on veut acquérir sur la nature et la qualité

---

(1) Topographie de tous les vignobles connus.

de nos vins, et plus encore sur l'ensemble d'un commerce qui fait toute la prospérité de ce beau département. Je ne perdrai pas l'occasion de conseiller aux
jeunes gens qui veulent s'instruire sur les bases de ce
même commerce, la lecture de l'excellent livre que je
viens de citer. Ils y trouveront des recherches curieuses
et des faits précieux sur les nombreux vignobles qui
couvrent le globe, où toutefois le climat permet à l'agro-
nome de cultiver la vigne ; ils seront satisfaits de la manière dont l'auteur a traité la partie de son livre qui a
rapport à la France, et j'ai quelques raisons pour croire
que la lecture réfléchie de cet ouvrage, jointe aux connaissances pratiques qu'on peut acquérir sur les lieux ,
aura d'heureux effets et qu'elle fournira une masse précieuse de ces notions qui conduisent par degrés au
véritable secret de la science.

J'ai placé dans cet ouvrage le tableau des prix de nos
vins rouges, depuis 1782 jusqu'en 1824, c'est-à-dire ,
pendant une période de 42 ans. Il a paru plaire à quelques personnes ; il offre, en effet, une comparaison assez
piquante de nos marchés à diverses époques, et je ne crois
pas qu'il soit d'ailleurs sans intérêt pour celui qui voudra s'instruire de la variation à laquelle ont été soumises
les transactions dans ce genre de commerce, dans
un temps qui est déjà assez loin de nous. J'ai cru
qu'il convenait de m'attacher à indiquer de préférence
les prix, tels qu'ils ont été établis immédiatement après
les vendanges, parce que c'est le moment où se font les
plus forts achats de nos vins nouveaux.

Si cet ouvrage répond à l'espérance qu'on a bien voulu
m'en faire concevoir, si, en effet, il devient utile à ceux
qui se livrent à l'étude du commerce des vins , bien que
je me trouve assez récompensé de mon travail par la
seule satisfaction d'avoir pu être de quelque secours
à mes compatriotes; mais encore, je me croirai comme engagé à faire de nouveaux efforts et à m'appliquer
à de nouvelles observations, pour entreprendre un pareil
traité sur les vins blancs de ce département: il pourra
être regardé comme la seconde partie de celui que je
publie aujourd'hui. Il me reste à désirer qu'une telle
tentative , quelque téméraire qu'elle soit pour un étranger, reçoive un bon accueil de la part des personnes
pour lesquelles j'ai travaillé et auxquelles j'ai voulu être
particulièrement utile.

Je ne puis mieux terminer cette introduction, qu'en
faisant connaître les obligations dont je suis redevable aux
personnes désintéressées qui ont daigné m'éclairer de
leurs salutaires conseils et de leurs judicieuses observations. Qu'elles reçoivent ici le témoignage public de ma
reconnaissance, et qu'elles sachent bien, que si j'obtiens
des succès, je n'oublierai jamais que je les leur dois ;
et si des sentimens de gratitude et d'estime peuvent les
payer des complaisances sans bornes qu'elles ont bien
voulu avoir pour moi, elles peuvent être assurées que
leur généreuse bienveillance recevra en tout temps le
prix que j'ai mis à un désintéressement et à une obli-
geance qui m'imposeront toujours la douce obligation
de rendre justice à de si nobles sentimens.

J'abandonne mon travail au public; mais c'est surtout aux personnes qui sont versées dans le commerce des vins qu'il appartient de le juger et de décider jusqu'à quel point on peut en étendre l'utilité. Je n'ai point eu la prétention de faire un livre, pour qu'on me déférât le titre d'auteur. Mon ouvrage n'est qu'une esquisse; ce sont des vues plus ou moins générales, plus ou moins utiles que j'ai comme indiquées, et qui peuvent servir à un traité plus complet et plus soigné. Mon ambition, je dois le répéter, ne demande rien à cette vaine gloire dont on est ordinairement si jaloux; j'ai cru devoir rendre profitables aux autres mes observations et mon expérience; j'ai cherché à ouvrir une route plus sûre et moins épineuse à ceux qui, étrangers dans ce pays, viennent y chercher des connaissances qu'ils transplantent ensuite dans diverses contrées du Nord. J'ai voulu enfin jeter quelques lumières sur les élémens d'un commerce qui fait la principale richesse de ce département, et dont les rapports s'étendent dans toutes les parties de l'Europe commerçante. Je recevrai avec reconnaissance les conseils et les observations qu'on voudra bien m'adresser; j'en ferai mon profit, et s'ils peuvent tourner à l'avantage de ce livre, je m'empresserai de les faire concourir à la rectification des erreurs que j'ai pu commettre. Une sage critique, cette critique sans fiel et sans prévention qui éclaire sans outrager, qui porte à la conviction sans blesser les égards qu'on se doit dans la société, ne peut que m'être agréable; elle augmentera les titres qu'ont à mon estime les personnes recommandables qui ont daigné m'aider de leurs avis en me faisant jouir généreusement du bénéfice de leurs lumières et de leur expérience.

Bordeaux, le premier Mars 1824.

TRAITÉ
SUR LES VINS DU MÉDOC
ET
LES AUTRES VINS ROUGES
DU DÉPARTEMENT DE LA GIRONDE.

CHAPITRE PREMIER.

État politique.— Topographie.— Rivières.— Étangs.— Marais.— Coup-d'œil général sur l'agriculture du département.— Terres labourables.— Prés. — Bois-taillis, Châtaigneraies, Oseraies et Aubarèdes.— Landes.

ÉTAT POLITIQUE
DU DÉPARTEMENT DE LA GIRONDE (1).

LE département de la Gironde est le 57.ᵉ du royaume. Il est divisé en six arrondissemens de sous-préfectures, et en 48 justices de paix. Il fait partie du 7.ᵉ archevêché de France, de la 11.ᵉ division militaire et ressortit de la cour royale de Bordeaux. Il appartient à la 4.ᵉ série et fournit huit membres à la chambre des députés.

---

(1) Ce département tire son nom du fleuve qui reçoit les eaux de la Garonne et de la Dordogne. Le mot Gironde vient du latin *gyrus* qui veut dire *contour*.

TOPOGRAPHIE DU DÉPARTEMENT (1).

La surface du département de la Gironde varie dans presque tous les arrondissemens et dans toutes les parties. Triste, sombre et presque unie dans celle qui avoisine la mer, et qui est connue sous le nom de *Landes*, elle offre, dans les parties opposées, les sites les plus romantiques et les plus variés (2).

La plus grande longueur de ce département, mesurée sur une ligne en partant de la *pointe de Graves*, et

---

(1) Tout ce chapitre est extrait de l'almanach général, statistique et commercial de la préfecture de la Gironde, pour 15 mois, ans XIV et 1806; contenant, le calendrier depuis le 23 Septembre 1805, jusques et compris le 31 Décembre 1806. A Bordeaux, chez Pinard.

(2) On ne saurait en donner un aperçu plus vrai, qu'en copiant ce peu de lignes, destinées à peindre d'un seul trait, le département de la Gironde, et extraites du mémoire de M. le sénateur *Journu-Auber*. « De nombreux vignobles, plus ou moins précieux dans toutes sortes
» de positions, et cultivés par une multitude de procédés différens ;
» des fonds caillouteux connus sous le nom de *graves ;* des coteaux
» argileux et pierreux ; des plaines d'une très-grande fertilité, le
» long de deux beaux fleuves; des marais dangereux pour la santé ;
» des mers de sable nu, dont les dunes ondoyantes représentent les
» vagues affermies ; des forêts de pins n'offrant aucune pâture aux
» brebis affamées; enfin, des landes ou déserts arides, souvent sub-
» mergées en hiver et brûlées en été, parsemées de bruyères, où
» l'œil, fatigué de leur monotonie, trouve à peine, de loin en loin,
» des points de repos dans un horison sans bornes : là, sur une
» lieue carrée, on trouve à peine trente habitans, tandis qu'à peu
» de distance, une autre lieue en nourrit quinze cents et deux mille.
» Tel est l'aspect général de notre département. »

faisant un angle de 25 degrés vers le Nord, est de 17 myriamètres et demi (30 lieues).

Sa plus grande largeur, depuis le bord de la mer, vers l'étang de Cazeau, jusqu'à St-Pierre-d'Eyrand, vers les limites du département de la Dordogne, sur une ligne faisant, avec le méridien, un angle vers l'Est de 71 degrés 30 minutes, et avec la première ligne de plus grande longueur, un angle de 96 degrés 30 minutes, est de 13 myriamètres (22 lieues). L'intersection de ces deux lignes se fait sur la ville même de Bordeaux, qui, par conséquent, est à-peu-près située au centre de surface du département.

L'extrémité Nord de ce département est située au 45.ᵉ degré 33 minutes de latitude, et au 3.ᵉ degré 24 minutes de longitude. Elle est formée par le cap, vulgairement appelé la *pointe de Graves*, qui termine la rive gauche de la Gironde à son embouchure. Dans cette partie, le département est borné par l'Océan, qui, coupant le méridien sur un angle de 4 à 5 degrés environ de l'Est à l'Ouest, forme à-peu-près une ligne droite. Cette ligne, depuis le cap de Graves jusqu'au département des Landes, a 12 myriamètres et demi de longueur (20 lieues).

L'extrémité du département, vers le Sud, se trouve au 2.ᵉ degré 29 minutes de longitude et à 44 degrés 9 minutes 10 secondes de latitude : la partie la plus avancée vers l'Est, dont la commune de St-Pierre-d'Eyrand sur le bord de la Dordogne fait partie, est au 2.ᵉ degré 2 minutes de longitude et 44 degrés 50 minutes 10 secondes de latitude. La Gironde, prise en ligne droite de Lesparre jusqu'à la pointe de Graves, sépare le département de la Gironde de celui de la Charente-Inférieure. En résultat, le département est donc borné, à l'Ouest par l'Océan ; au Sud par le département des Landes ; à l'Est par celui de Lot-et-Garonne ; au Nord-Est par celui de la Dordogne , et au Nord par celui de la Charente.

La superficie la plus exacte du département est évaluée à-peu-près à 1,077,552 hectares. Sa surface est de 537 lieues carrées , avec une population d'environ 520,000 âmes.

Le département de la Gironde , considéré avec raison comme un des plus riches, d'après la réputation de ses vins, et l'étendue du commerce de ses villes principales, est peut-être celui qui présente la plus grande quantité de terres arides et impropres à toute espèce de culture. En effet, la moitié environ de sa surface est occupée par des Landes, qui présentent l'aspect le plus inculte et le plus sauvage. Avant de donner des renseignemens sur l'agriculture , il est nécessaire de parler des rivières qui l'arrosent et des avantages qu'il en retire, avantages si grands que, sans eux, cette portion de la France serait peut-être la plus misérable.

RIVIÈRES.

Les portions fertiles de ce département doivent principalement leur beauté aux eaux qui l'arrosent et le parcourent en tout sens. En effet, peu de départemens sont favorisés d'un aussi grand nombre de rivières. La nature, si avare pour quelques-unes des parties qui le composent, semble avoir voulu le dédommager sur cet article. Les principales sont la *Garonne* et la *Dordogne*. Elles se réunissent au Bec-d'Ambès, deux myriamètres et demi (4 lieues) au-dessous de Bordeaux, où elles forment la Gironde, dont l'embouchure est éclairée par le phare de Cordouan (1). Ce beau

---

(1) L'embouchure de la Gironde est obstruée par plusieurs bancs de sable et plusieurs rochers qui en rendent l'entrée très-difficile. Lorsque la mer est irritée, les pilotes de Royan ne peuvent point aller au secours des vaisseaux qui se présentent pour entrer; ainsi, lorsqu'ils sont engagés au milieu de ces écueils pendant une tempête, il est très-rare qu'ils puissent se sauver. Au milieu de tous ces écueils est le phare ou tour de *Cordouan*. Voici ce qu'on sait de positif sur ce phare : En 1584, Louis de Foix, architecte et ingénieur du Roi, commença à jeter les fondemens de cette tour, auprès d'une plus ancienne qui tombait en ruines. Cette construction se fit aux frais de la province de Guienne. La tour de Cordouan est située à 7 myriamètres et demi (13 lieues) de Blaye et 11 myriamètres et demi (20 lieues) de Bordeaux. Sa construction est aussi admirable que sa destination est utile. Elle fut construite sous le règne de Henri II et réparée sous celui de Henri IV ; elle le fut aussi sous Louis XIV. Pendant le jour, étant dans une chaloupe, ou trois pieds au-dessus de la surface de la mer, on aperçoit le sommet de Cordouan dans l'horison, d'une distance de 5 lieues marines. La nuit, dans une même position, le feu se reconnaît à une distance de six lieues marines et deux tiers.

Une ancienne tradition, qui s'est conservée parmi les habitans du Verdon, dans le Bas-Médoc, a donné l'idée de la romance suivante sur cette tour :

LA DAME DES EAUX, ou LA TOUR de CORDOUAN.

« Damoiselle du haut parage,
» Délivré des fers du Soudan,

fleuve se rend dans l'Océan en suivant une direction

» Je vous apporte un doux message
» Du beau Loïs de Cordouan.
» Si le Seigneur daigne sourire
» Aux vœux d'un amour mutuel,
» Bientôt vous verrez son navire
»˙ Devant votre antique châtel. »

A ces mots, d'Elisène émue
Le front s'est couvert de rougeur :
« Que Dieu bénisse ta venue,
» Pélerin, tu ravis mon cœur !
» A la chapelle du rivage
» J'irai, pleine d'un saint transport,
» De la Vierge invoquer l'image,
» Pour qu'un bon vent le mène au port. »

Et le lendemain, dès l'aurore,
Elisène était à l'autel :
« O Vierge, c'est toi que j'implore !
» Guide la nef du damoisel !
» Naguère dans la Palestine
» Il a combattu pour ton fils :
» Étends sur lui ta main divine,
» Et calme les flots ennemis ! »

Mais le jour fuit, la foudre gronde,
Les vents mugissent et l'éclair
Lui montre une nef vagabonde
Qui roule sur la vaste mer.
Que deviens-tu, triste Elisène,
Quand, à ses rapides lueurs,
Tu vois flotter sur la misaine,
L'enseigne où brillent tes couleurs.

Nord à Nord-Ouest, dont la longueur, depuis le Bec-

Hélas ! vers la dame éperdue
Le bien-aimé tendait les bras ,
Lorsque la nef, des flots battue ,
Sur les rocs se brise en éclats.
Vainement à l'onde en furie
Il cherche à disputer ses jours ;
Aux yeux d'Elisène qui prie,
La mer l'engloutit pour toujours.

Depuis, la vierge en sa mémoire
Nourrit de profondes douleurs ;
Et seule, dans son oratoire ,
Elle n'a de goût qu'à ses pleurs.
Enfin , succombant à sa peine
Et soumise aux décrets du sort,
A ses femmes la châtelaine
Dicta ce testament de mort :

« Je veux que sur le roc funeste
» Où mon amant perdit le jour,
» Un phare désormais atteste
» Et son naufrage et mon amour ;
» Je veux qu'au milieu des tourmentes ,
» Guidant la nef prête à périr,
» Il préserve d'autres amantes
» Du destin qui me fait mourir.

» Là, que ma cendre malheureuse
» Repose au bruit de l'Océan ,
» Et que cette tour lumineuse
» Porte le nom de Cordouan ;
» Qu'un prêtre en surveille les flammes
» Avec un soin religieux,

d'Ambès jusqu'à la tour de Cordouan, est de 8 myria-mètres (14 lieues).

La Garonne partage la superficie du département en deux parties à-peu-près égales. Elle est navigable dans toute l'étendue du département et elle communique à la Méditerranée par le canal du Midi. Elle réunit dans son cours depuis les Pyrénées, le Lot, le Tarn, l'Aveyron et l'Arriège.

La Dordogne prend sa source dans les Monts-d'Or et traverse les départemens du Cantal, de la Corrèze et de la Dordogne.

Après ce fleuve et ces deux rivières on doit compter:

1.º L'Isle, qui prend sa source dans le département de la Haute-Vienne, et qui peut former une très-belle navigation depuis Périgueux jusqu'à Libourne, où elle se réunit à la Dordogne.

2.º La Drôme, qui a son confluent avec l'Isle à Coutras.

» Et toutes les nuits, pour nos âmes,
» Élève sa prière aux cieux. »

Elle mourut bientôt : son ombre,
D'un long voile traînant les plis,
Vint s'assurer, dans la nuit sombre,
Que tous ses vœux étaient remplis.
Souvent, au milieu des orages,
Elle aime à suivre les vaisseaux,
Et les marins de ces parages
La nomment la *Dame des Eaux*.

Par M. LORRANDO.

3.° Le Drot (1), qui traverse l'espace renfermé dans l'angle formé par la Dordogne et la Garonne, et se réunit à cette dernière au lieu appelé *Gironde*.

4.° Le Ciron, qui a son confluent à la Garonne, entre Preignac et Barsac, et qui traverse une partie des Landes.

5.° Le Moron, situé dans l'arrondissement de Blaye, et qui se jette dans la Dordogne.

6.° Enfin la petite rivière de Leyrac, qui reçoit les eaux des Landes et les porte dans le bassin d'Arcachon, qui forme un détroit vers la partie Ouest du département et qui communique à la mer. Ce détroit, mesuré de l'Est à l'Ouest, a à-peu-près 2 myriamètres (3 lieues et un quart) d'étendue dans les terres. Sa plus grande longueur du Sud au Nord est de 12 kilomètres (2 lieues). Cette dimension est prise sur la superficie du bassin à mer haute. Lorsqu'elle est retirée il ne reste que les eaux que fournissent les Landes, et sans lesquelles le bassin serait indubitablement comblé par les sables que la mer jette sur ces côtes à chaque reflux; mais lorsqu'elle s'est retirée, les courans que ces eaux occasionnent entraînent avec eux les dépôts que la mer a laissés, et rétablissent ainsi les dégradations que les sables y feraient.

---

(1) La navigation du Drot est maintenant en activité jusqu'à Monségur. Il arrive à Bordeaux des marchandises chargées sur cette rivière, dans les bateaux de MM. Durassier et Trocard. Ces bateaux franchissent actuellement 8 chaussées, au moyen de mécaniques qui y sont établies. Les travaux se poursuivent jusqu'à Eymet; on naviguera cette année (1822) jusqu'à Duras. (Extrait de l'Indicateur n.° 1489, du 18 Novembre 1822).

Le détroit est partagé en deux passes par l'île du *Matelot*. Cette île était autrefois assez élevée pour qu'on y bâtît des habitations, et que l'on y formât des pâturages. Depuis quelques années les grandes marées ont tout détruit, et cette île ne présente plus que l'aspect d'un banc de sable aride et désert, que la mer couvre et abandonne à chaque reflux. Des deux passes que forme l'île du *Matelot*, celle du Nord est bornée, d'un coté, par cette île, et de l'autre, par le cap Ferret. La passe du Sud est appuyée à l'Est sur les dunes, vis-à-vis le fort Cantin, que l'on a construit pour défendre le passage contre les ennemis, en temps de guerre.

ÉTANGS.

Les étangs qui se trouvent dans le Département sont en petit nombre. Les seuls qui méritent d'être cités, sont ceux qui terminent les Landes du côté des dunes. Il est difficile de se procurer des renseignemens sur ceux qui se trouvent dans ses autres parties. Ils sont si peu étendus ou de si peu d'importance, qu'ils méritent à peine ce nom.

Le plus considérable est l'étang d'Hourteins et de Carcans; son extrémité Nord est à 4 myriamèt. (7 l.) de distance de la pointe de Graves; sa longueur, de 15 à 16 kilomètres sur 5 de largeur (3 l. sur trois-quarts de l.). Il est situé dans l'arrondissement de Lesparre.

Le deuxième est l'étang de Lacanaux à 6 kilomètres (1 lieue) environ de la pointe de Graves au Sud du premier. Il a 9 kilomètres (2 lieues) de longueur sur 3 (trois-quarts de lieue) de largeur. La commune où il est situé lui a donné son nom. Il fait partie de l'arrondissement de

Bordeaux. Il y a encore trois petits étangs entre ce dernier et le bassin d'Arcachon, qui ont à-peu-près 1 kilomètre (un sixième de lieue) de surface.

Ces étangs sont le réceptacle des eaux des Landes, qui s'y jettent naturellement en suivant la pente du terrain, et qui ne peuvent se rendre directement à la mer à cause des dunes qui les en séparent, et dont l'élévation nuit à l'écoulement des eaux. Ils communiquent tous ensemble par des fossés ou ruisseaux que l'abondance et les cours naturels des eaux ont creusés; de sorte que le bassin d'Arcachon est le seul passage par où les eaux s'écoulent lorsqu'elles sont arrivées à un certain degré d'élévation.

MARAIS.

La Gironde, comme toutes les rivières et principalement celles qui se jettent dans l'Océan, est bordée des deux côtés par des marais dont le sol se trouve plus ou moins au-dessous des hautes marées. Leur étendue est si considérable, qu'ils occupent depuis le côté Ouest de Bordeaux jusqu'à l'embouchure de la Gironde. On évalue la superficie des marais du département qui bordent les rivières de Garonne, Dordogne et Gironde, jusqu'à la mer à 21,848 hectares; plusieurs de ces marais s'étendent à 9 et 10 kilomètres (1 lieue et demie à 2 lieues) dans les terres. La ville de Bordeaux en est presque entourée. Quelques propriétaires ont tenté des efforts pour le desséchement; mais leurs travaux ayant été mal dirigés dans le principe, négligés dans l'entretien, et n'ayant point été secondés par le concours général, il n'en est résulté que très-peu d'avantages.

COUP-D'OEIL GÉNÉRAL SUR L'AGRICULTURE
DU DÉPARTEMENT.

Si le département de la Gironde doit au grand nombre de rivières qui le parcourent sa plus grande prospérité; si les relations qu'elles lui procurent sont la source de ses richesses, il leur doit aussi sa principale beauté.

Les bords de ses principales rivières forment le tableau le plus agréable et le plus champêtre. La portion du département, située entre la Garonne et la Dordogne, est appelée *Entre-deux-Mers.* C'est la partie la plus fertile, et celle dont un mode d'agriculture bien dirigé, pourrait tirer un plus grand parti.

Après avoir donné des renseignemens sur l'étendue du département, sur ses limites, ses rivières, ses étangs et ses marais, on va faire connaître les divers genres de culture et la surface que chaque espèce occupe.

Nous avons dit que la surface du département était de 1,077,552 hectares qui sont utilisés ou occupés ainsi qu'il suit :

Culture en vignes.	13o,ooo hectares.
Terres labourables..	18o,ooo
Prés..	45,ooo
Bois-taillis de chêne.	8o,ooo
Châtaigneraies en taillis.	2o,ooo
Aubarèdes, vimières ou oseraies.	1o,ooo
Pins résineux..	6o,ooo
Semis de pins.	65,ooo
Landes, bruyères propres au pacage.	6o,ooo
TOTAL DU TERRAIN CULTIVÉ.. .	65o,ooo hectares.

Transport de ci-contre. . . . 650,000 hectares.

La surface des rivières, étangs, bassins de mer.. 162,500

Les grandes routes, chemins vicinaux, rues, maisons, etc. . . 17,000

Les dunes, les landes incultes et les vacantes. 248,052

TOTAL. . . . . 1,077,552 hectares.

D'après cette division, on peut s'apercevoir qu'un peu plus du dixième du département est planté en vignes (1).

D'après la réputation de ses vins, connus sous le nom de *vins de Bordeaux,* on serait tenté de croire que cette partie de l'agriculture en est la mieux entendue. Elle l'est sans doute ; cependant elle est encore bien éloignée du point où elle devrait être portée. Le Médoc, les Graves et quelques autres crûs, produisent, en effet, des vins qui peuvent entrer en concurrence avec les meilleurs vins du monde ; mais l'étendue de ces premiers crûs n'a aucune proportion avec les autres surfaces où la vigne est cultivée, et qui produisent des boissons très-inférieures.

---

(1) Les renseignemens que je me suis procurés portent les récoltes en vins, année commune, savoir :

Dans l'arrondissement	de Blaye........ à 364,800 hectolit.	ou 40,000 T.x
	Libourne.... 547,200 »	60,000 »
	la Réole..... 319,200 »	35,000 »
	Bazas........ 91,200 »	10,000 »
	Bordeaux.... 775,200 »	85,000 »
	Lesparre .... 182,400 »	20,000 »

2,280,000 hect. faisant 250,000 T.x de vin, qui, par le tirage, l'ouillage, l'évaporation et les autres accidens,

La culture des vignes dans le département est tellement importante, qu'il est à propos de faire connaître
le nombre de bras employés à leur culture, et celui
des propriétaires : on compte dix à douze mille familles
propriétaires de vignes.

Avant la révolution, le nombre de celles qu'on em-
ployait à leur culture, s'élevait à 8,000. Les besoins de
la guerre et la conscription, ont réduit ce nombre à
5,000. Il y a donc à-peu-près 15,000 familles dans le
département, pour la consommation desquelles il doit
être déduit 9 hectolitres de vin par famille, qui font
un total de 15,095 tonneaux.

TERRES LABOURABLES.

Si la culture de la vigne, malgré l'importance dont
elle est pour ce département, n'est pas aussi bien di-
rigée qu'on devrait l'espérer, celle des terres labourables l'est infiniment moins.

Sur 180 mille hectares de terres labourables, il n'y
a guères que 35,000 hectares de terres fortes, situées
dans cette partie du précieux terrain qu'on appelle *Palus ;* le reste est en terres légères, maigres ou sablon-

---

peuvent se réduire d'un cinquième ; il reste donc environ 200,000
tonneaux, toutes déductions faites. Les frais de culture de ces
2,280,000 hectolitres, récoltés sur une surface de 130,000 hectares,
montent à la somme de 45 millions et quelquefois à beaucoup plus.
Dans cette proportion, les frais de culture de 32 ares (un journal
bordelais) s'élèvent à 110 fr. 75 c. Ces 32 ares produisent 561 litres
(2 barriques 46 pots). Les 912 litres (un tonneau) coûtent 180 fr.
frais de culture.

neuses. On évalue les produits, distraction faite du grain
nécessaire pour la semence, à 1,400,000 quintaux, de
50 kilogrammes chaque, tant en blé-froment que seigle.
Cette quantité suffit tout au plus à la moitié de la population. On évalue les importations qui se font dans le
département, à 1,200,000 quintaux environ; cet énorme
déficit doit être attribué à la destination qu'on a donnée
à la plus grande partie des Palus.

Si ce sol, profond, inépuisable, et dont la qualité
l'emporte peut-être sur les meilleures terres de France,
était un jour entièrement consacré à la culture du blé,
il serait sans doute nécessaire de faire des saignées au
terrain, de donner de la pente aux eaux, d'entretenir,
avec soin, les fossés et les canaux; mais aussi on obtien-
drait des récoltes doubles peut-être, puisque le produit
des grains dans les Palus, est de neuf à dix pour un,
tandis que dans les autres terres il ne s'élève guères
qu'à quatre.

Les terres sont données, à moitié fruits, à des métayers généralement pauvres. Le propriétaire fournit à
l'estimation les bœufs de labour, et quelques troupeaux
de bêtes à laine qui occasionnent souvent plus de dégâts
qu'elles ne produisent d'engrais.

Les métayers de ce département ne connaissent presque pas l'usage des prairies artificielles; ils ne sèment
que très-peu de légumes et de blés d'Espagne. Un pré-
jugé, dont on ignore l'origine, les a empêchés, pendant
long-temps, de cultiver la pomme de terre ou patate,
à laquelle ils attribuaient la propriété d'occasionner des
attaques d'épilepsie. Ce n'est que depuis la révolution

qu'ils ont commencé à connaître le prix de cette plante. Ils n'ont aucune idée de la marne et des autres engrais; ils ne connaissent que l'usage du fumier, dont la quantité est des deux tiers au-dessous de ce qu'il faudrait pour tenir les terres dans un bon état.

Les laboureurs se servent d'une charrue aussi simple dans sa composition que parfaite dans ses résultats; ils la conduisent assez bien, et ouvrent assez profondément le sein de la terre; mais tenant à leurs anciens principes, qu'ils ont même négligés, économes de leur temps et de leurs peines, ils ignorent l'art d'engraisser la terre par des plantes particulières, et de l'alimenter de sels végétaux en lui arrachant d'utiles produits.

Le labourage des terres à blé se fait par les bœufs (1). On porte le nombre de ces animaux à 50,000 environ; il ne faut pas comprendre, dans cette quantité, ceux destinés à la culture des vignes du Médoc principalement, aux charrois, et ceux qui servent aux traîneaux dans la capitale du département

On va voir, dans l'article des prairies, que le département est encore grevé d'une importation considérable en fourrages, et qu'il ne produit pas, à beaucoup près, la quantité nécessaire à la consommation des animaux que l'agriculture, le commerce ou le luxe emploient.

PRÉS.

La partie de l'agriculture qui a rapport au labourage

---

(1) Dans quelques parties de la lande où le sable a peu de consistance, et où l'on sème du seigle, on se sert de chevaux, de vaches, et même d'ânes. Le travail qu'ils font est si peu considérable, qu'il mérite à peine d'être compté.

en général, n'a pas encore fait assez de progrès dans ce département, pour que les prairies ne se ressentent pas de l'indifférence que l'on a pour les produits de la terre. Le génie des habitans entièrement tourné vers les spéculations commerciales, semble dédaigner les résultats précieux, mais plus certains de l'agriculture. Aussi, lorsque la guerre vient arrêter les sources de cette ambition inquiète et presque générale, le vice de distribution dans l'emploi des terres, et la négligence qu'on a mise dans leur entretien, se font-ils plus vivement sentir.

Dans les pays où l'on néglige l'art de créer des prairies artificielles, et celui des arrosemens et des desséchemens, où l'on ne nourrit le bétail qu'avec du foin, les prairies doivent être estimées plus que toutes les autres terres; leur entretien si simple et moins coûteux, leurs produits moins éventuels en sont la cause. Cependant leur bonification est totalement négligée, et l'on abandonne presque à la providence le soin de les améliorer ou de les détruire.

Leur contenance est de 45 mille hectares. Chaque hectare ne donne proportionnellement que 36 quintaux de foin, qui font un total de 1,620,000 quintaux. Chaque bœuf consommant annuellement 30 quintaux de foin, les 50 mille bœufs employés au labour consomment 1,500,000 quintaux de foin. Si l'on ajoute à cette consommation celle des bœufs occupés à la culture des vignes, et par le commerce, celle des vaches, des chevaux, etc., on se convaincra que le département est obligé de s'approvisionner dans les départemens limitrophes. Celui de la Charente-Inférieure fournit la plus grande partie du déficit.

Bois taillis, Chataigneraies, Oseraies et Aubarèdes.

Il n'y a presque plus que des bois-taillis et de pin dans le département. On a détruit pendant la révolution la plus grande partie des bois de haute-futaie. Les beaux chênes qui l'ombrageaient ont été abattus, et la plupart se sont pourris sur les lieux même où ils avaient pris naissance. On évalue les coupes annuelles à 8000 hectares de taillis de chêne; chaque hectare donnant à-peu-près mille fagots (appelés *faissonnats*) de bois propre à brûler, il en résulte donc 8 millions à-peu-près de fagots par an. La plus grande partie des bûches de chêne se tire des départemens environnans. Le bois, vulgairement appelé *bois de tonneau,* se forme du tronc des arbres que la nécessité ou la cupidité des propriétaires font couper, et des racines qu'on arrache dans les défrichemens.

La culture des taillis de châtaigniers est mieux entendue qu'aucune autre dans le département; leur étendue est portée à 20 mille hectares. Le sol où on les trouve, est généralement léger et sablonneux; mais ce n'est pas le meilleur. On coupe les châtaigniers tous les cinq ans. On en façonne les branches en cercles pour les barriques.

Nous n'avons pu nous fixer d'une manière bien précise sur la contenance des oseraies ou vimières, sur la surface des aubarèdes. Elles se trouvent principalement sur les bords des fleuves et des îles ou îlots. L'usage et le débit du produit de ces deux parties de l'agriculture, sont très-considérables. Le grand osier sert à lier les cercles des barriques; le petit, à attacher la vigne à l'échalas. La coupe des vimières se fait tous les ans.

Les aubarèdes produisent ces grands échalas dont on se sert pour soutenir les rejetons de la vigne. On les emploie principalement dans les Palus, où les jets sont plus longs et plus multipliés. Dans quelques départemens, on s'en sert pour les cercles de barriques; mais dans celui de la Gironde, on préfère, avec raison, le châtaignier. Le produit des aubarèdes du département est insuffisant pour la consommation; aussi on en importe une très-grande quantité des départemens voisins.

Le prix de l'échalas de saule (ou aubier), et celui du vîme, est monté à un taux si considérable, que beaucoup de propriétaires ont dirigé leurs spéculations vers cette partie. Leur culture exige peu de frais , les produits en sont très-lucratifs, et ils le seraient davantage, si l'intempérie des saisons et des insectes d'une espèce particulière, n'en rendaient la récolte quelquefois précaire.

LANDES.

Cette partie du département, si on voulait la traiter à fond, ferait seule le sujet d'un ouvrage particulier. Ces solitudes arides méritent de fixer l'attention de l'observateur. En certains endroits, ce sont des forêts de pins d'une étendue prodigieuse; plus loin, des plaines dont l'œil n'aperçoit point les bornes, et couvertes d'un sable brûlant aussi mobile que les flots de la mer.

La seule variété que la nature présente dans ces contrées, consiste dans le passage d'une forêt de pins à une vaste et nue solitude. La nature y porte par-tout l'empreinte de la tristesse et de la mort. Le chant des oiseaux n'interrompt point le silence qui y règne, et l'on se croirait transporté au fond des tombeaux, si la clarté d'un soleil ardent ne prouvait qu'on est encore sur la terre.

La première idée qui se présente à l'esprit du voyageur, est que ce pays fut autrefois couvert par la mer, qui chaque jour semble faire de nouveaux efforts pour reprendre son domaine.

Le sable fin qui les couvre en est la preuve la plus forte, et l'on assure qu'autrefois le cours de la Garonne, depuis Langon jusqu'à son embouchure, était, dans sa partie occidentale, plus rapproché de l'Océan.

Autant la nature de cette portion du département diffère des autres, autant le caractère, les mœurs et les usages des habitans des Landes présentent d'opposition avec ceux des autres habitans. On voit, au premier coup-d'œil, que c'est un peuple particulier.

L'habitant des Landes est généralement d'un tempérament maigre et sec, quoique d'ailleurs assez vigoureux (1). Il se couvre de peaux de brebis ; il ne met presque jamais de bas : des sabots sont sa chaussure

---

(1) Nous parlons ici en thèse générale ; les cultivateurs des Landes qui sont aux environs de Bordeaux, présentent des exceptions ; mais si on s'enfonçait dans celles qui depuis la pointe de Graves s'étendent jusqu'à Bayonne, on serait convaincu de cette vérité.

ordinaire ; et avec des échasses dont il se sert fréquem-
ment , il traverse les marais et autres dépôts que forment
les eaux pluviales sur la surface des Landes.

Malgré ces apparences de misère, l'habitant des Landes
n'en est pas moins aisé. Le peu de terrain qu'il défri-
che et qu'il travaille , lui donne d'abondantes récoltes
de seigle et de petit millet, qui est sa nourriture ordinaire. Une partie des Landes couvertes de bruyères
et d'une herbe excessivement menue, alimente ses grands
troupeaux : il nourrit ses bœufs avec de la paille. Ses
vastes forêts de pins lui donnent un revenu immense
en résine et en goudron. Aussi sa sobriété le portant
à se contenter des produits du sol , et à ne faire aucune
consommation étrangère, il accumule presque tous ses
profits annuels.

CHAPITRE II.

Description de la vigne. — Manière de la planter. — Les meilleures espèces ou variétés de cépages rouges cultivées dans le département de la Gironde.

DESCRIPTION DE LA VIGNE.

Vigne — Vitis. Genre de la pentandrie monogynie, et qui a donné son nom à la famille des *Vignes* de *Jussieu*. *Tournefort* le comptait encore au nombre des *rosacées*. Je ne dois parler ici que de la vigne cultivée : *Vitis vinifera, Lin.*, dont le fruit exprimé donne cette liqueur fermentée, connue sous le nom de *Vin*. Ce vin s'est trouvé d'un goût trop général pour qu'on n'ait pas cherché à se procurer la plante qui le fournissait : aussi l'histoire nous apprend que les Phéniciens la transportèrent d'Asie en Grèce, d'où elle s'est répandue de proche en proche jusqu'en France. « Elle occupait déjà,
» nous dit le célèbre comte de Chaptal, une partie des
» coteaux de nos départemens du Var, des Bouches-du-
» Rhône, de l'Hérault et de Vaucluse, du Gard et des
» Hautes et Basses-Alpes, de la Drôme, de l'Isère et de la
» Lozère, quand Domitien, soit par ignorance, soit par fai-
» blesse, comme le dit Montesquieu, ordonna, à la suite
» d'une année où la récolte des vignes avait été aussi abon-
» dante que celle des blés chétive et misérable, d'arra-
» cher impitoyablement toutes les vignes qui croissaient
» dans les Gaules : comme s'il y avait quelque chose

» de commun entre la manière d'être et de croître de
» ces deux familles de végétaux! Comme si les produits
» de l'une pouvaient jamais être un obstacle à la récolte
» de l'autre! Comme si enfin, les terres à vignes n'étaient
» pas alors, comme aujourd'hui, au moins dans le sol
» qu'habitaient les Gaulois, des terres entièrement im-
» propres à la reproduction des céréales !

» Quoiqu'il en soit, nos pères, par cet édit désas-
» treux, se virent condamnés à ne se désaltérer désor-
» mais qu'avec de la bière, de l'hydromel, ou quelques
» tristes infusions de plantes acerbes. Cette privation,
» qui remonte à l'année 92 de l'ère ancienne, s'étendit à
» deux siècles entiers. Ce fut le sage et vaillant Probus (1),
» qui, après avoir donné la paix à l'Empire par ses
» nombreuses victoires, rendit aux Gaulois la liberté de
» replanter la vigne. Le souvenir de sa culture et des
» avantages qu'elle avait produits ne s'était point encore
» effacé de leur mémoire ; la tradition avait même con-
» servé parmi eux les détails les plus essentiels de l'art
» du vigneron. Les plants apportés de nouveau, par la
» voie du commerce, de la Sicile, de la Grèce, de toutes
» les parties de l'Archipel et des côtes d'Afrique, devin-
» rent le type de ces innombrables variétés de cépages

---

(1) Au fond de cette province *(Dombes)* dans le Lyonnais, du
côté du Midi, on trouve *Condrieu*, bourg situé sur la rive du Rhône
et fameux par ses excellens vins. On prétend que les premiers plants
furent apportés de Dalmatie, sous le règne de l'empereur *Probus*,
vers la fin du troisième siècle. — (Extrait du Voyageur français, ou la
Connaissance de l'ancien et du nouveau monde).

» qui couvrent encore aujourd'hui les coteaux vignobles
» de la France. »

La culture et les divers climats en ont fait des variétés
infinies. Quelles qu'elles soient, ce sont toujours des
arbrisseaux à tige tortueuse, d'un bois dur et couvert
d'une écorce peu tenace. Elles poussent aussi des ra-
meaux sarmenteux, longs, noueux, striés, garnis de
feuilles alternes, souvent opposées à des vrilles au moyen
desquelles ils s'accrochent aux corps environnans. Ces
feuilles, grandes, palmées à plusieurs lobes, souvent
dentelées, sont portées par un pétiole long et ferme.
Les fleurs qui s'épanouissent en Mai, sont très-petites,
herbacées, odorantes, disposées en grappes composées,
elles consistent en cinq pétales à peine visibles, en
cinq étamines et un style. Lorsque des temps contraires
ne les font point *couler,* c'est-à-dire avorter, elles
deviennent des baies plus ou moins grosses, plus ou
moins serrées sur la grappe, d'un vert blanchâtre
ou d'un rouge plus ou moins foncé, pleines d'un jus
d'abord très-acerbe, mais que la maturité rend doux
et sucré; il est quelquefois parfumé. Dans cet état,
le raisin se met sur les tables ou s'exprime pour faire
du vin. Il mûrit plus ou moins vîte selon la variété, le
climat, ou l'exposition, et se conserve moyennant
quelques soins, au-delà de six mois.

La vigne, en général, se plaît dans les terrains
montueux et pierreux, aux expositions chaudes du
Levant et du Midi, ses racines aiment à pénétrer dans
les fentes des rochers. Sans culture, elle rapporte beaucoup moins, mais elle vit des siècles, et son tronc

peut acquérir un volume prodigieux : la culture la
féconde en abrégeant sa vie. On la propage de provins,
c'est-à-dire, le couchage fait en automne, et au printemps par des croisettes qui ne sont que des boutures.
« L'usage veut, dit Toussaint-Yves Catros (1), que
» chaque bouture ait un peu de bois de l'année précé-
» dente en bas; cet usage n'est pas nuisible, et ne
» peut que produire un bien; ce bois a plus de con-
» sistance et résiste mieux à la pourriture, en cas de
» trop d'humidité, au fond de la rigole où on plante;
» mais il n'est pas rigoureusement nécessaire. J'ai
» souvent planté des vignes dont le pied était rare,
» d'une jeune branche coupée en plusieurs bouts; j'ai
» réussi, autant en usant de celui de l'extrémité, que
» de celui du bas où se trouvait le bois de l'année
» précédente. Ces boutures ou croisettes sont appelées
» *plants* aux environs de Bordeaux; la manière de les
» planter est toujours la même ».
   « Si on veut en faire une pépinière, il faut choisir
» les plants des espèces que l'on veut avoir, les nettoyer
» de toutes les vrilles qui peuvent s'y trouver, et ne pren-
» dre que les pousses dont le bois soit bien mûr; on
» coupe ces plants d'environ 15 à 18 pouces de lon-
» gueur (0^m 406 à 0^m 487), et si le temps est sec,
» il sera à propos de les faire tremper dans l'eau
» quelques heures, cela aide à les faire courber; pour
» les planter on ouvre une rigole d'environ un pied
» de large (0^m 325) sur toute la longueur de la

(1) Traité raisonné des arbres fruitiers. Bordeaux, an 1810.

» pièce qu'on veut planter : la profondeur doit être
» proportionnée à la qualité du terrain ; s'il est sec,
» elle devra avoir un pied (o^m 325) ; si c'est une
» bonne terre, six ou huit pouces suffiront (o^m 162
» ou o^m 216) ; et si la pièce est trop humide, un
» peu moins de profondeur. On place les plants dans
» cette rigole, à la distance de cinq à six pouces l'un de
» l'autre (o^m 135 à o^m 162). Le bas doit être courbé
» en terre pour faciliter la reprise. Après avoir planté
» la première rigole, on en fait une autre à un pied
» (o^m 325) de distance de la première, et ainsi de
» suite jusqu'à la fin ; quand c'est achevé, il faut
» repasser tous les plants pour les rabattre à deux yeux
» au-dessus de la surface de la terre, afin que les au-
» tres aient plus de force, et ne pas attendre pour
» cela, ainsi que je l'ai vu souvent, que la sève soit
» montée, ce qui retarde les pousses basses, qui sont
» toujours les meilleures.

» Si on veut planter la vigne en place, ce qu'on
» appelle, dans les environs de Bordeaux, *planter en*
» *plants*, après avoir bien préparé le terrain destiné à
» cette plantation, c'est-à-dire, l'avoir fouillé profon-
» dément, tant pour l'ameublir que pour détruire
» les mauvaises herbes et les plantes nuisibles qui
» peuvent s'y trouver, on trace des rangs dans toute
» la longueur de la pièce, en tâchant, autant que le
» terrain le permet, qu'ils soient du Nord au Sud,
» ou de l'Est à l'Ouest ; je dis, s'il est possible, parce
» qu'il existe encore une raison plus forte, qui peut
» quelquefois s'y opposer ; c'est la pente du terrain qu'il

» est essentiel de suivre, afin de laisser l'écoulement
» aux eaux, pour qu'elles ne séjournent pas dans la
» plantation, ce qui serait très-nuisible pour les ra-
» cines de la vigne et même à la qualité du vin.

» Il se trouve des positions où l'on fera bien, au
» contraire, de planter les rangs à contre-sens de
» la pente : ce sont les plantations faites dans les côtes.
» Là, il n'y a point à craindre le séjour des eaux ;
» mais le dégât qu'elles feraient en coulant rapidement
» le long des rangs qui se trouveraient sur la pente.
» On pourra laisser, s'il est nécessaire, quelques allées
» ou passages pour l'écoulement des eaux, formant,
» dans ces allées, des bassins ou réservoirs qui, en
» arrêtant leurs cours rapides, recevront les terres
» qu'elles entraînent, qu'on peut ensuite retirer pour
» remplir les ravins, et réparer les dégâts que ces
» écoulemens occasionnent.

» Les rangs doivent être à des distances différentes,
» selon la qualité des terres où l'on veut planter.

« Si ce sont des terres maigres et graveleuses, un
» mètre est la distance ordinaire (3 pieds) : c'est
» celle que l'on donne à toutes les vignes qui se cul-
» tivent à la charrue à bœufs, comme on le pratique
» dans tout le Médoc, excepté pour les terres plus
» fortes, où on travaille à la houe. Là, les distances
» varient, selon que les terres ont une qualité diffé-
» rente, depuis quatre pieds jusqu'à six (1 ^{m} 300 et
» 2 mètres). L'usage de chaque canton sert à-peu-près
» de guide. »

LES MEILLEURS CÉPAGES

Le *Carmenet*, la *Carmenère*, le *Malbech*, le *petit Verdot*, le *gros Verdot*, le *Merlot* et le *Massoutet*. Dans les vignobles qui produisent la classe des vins communs, on plante encore : le *Mancin*, le *Teinturier*, la *Petouille*, la *petite Chalosse noire*, le *Cruchinet* et le *Cioutat*.

Le *Carmenet* ou la *petite Vidure*. Feuille glabre, peu dentelée; le grain moyen, rond, un peu séparé; la couleur brillante et noire; le goût agréable. Le Carmenet donne un vin fin, léger, agréable, plein de bouquet, mais peu coloré.

La *Carmenère* ou la *grosse Vidure*. La grappe de cette espèce est grosse, longue et plus espacée que celle de la précédente; la couleur vive et le goût excellent; sujet à la coulure. Le vin qui en provient a la même qualité que celui du Carmenet, seulement sa couleur est plus foncée.

Le *Malbech* ou *noir de Pressac*. Grappe longue; grains ovales, espacés, très-noirs; la grappe et le pédicule rougeâtres; la feuille glabre et le bois gris cendré; sujet à la coulure. Le Malbeck produit un vin très-mûr, coloré, faible en esprit, délicat en vieillissant, facile à s'aigrir s'il n'est pas bien soigné et tenu en cellier frais.

Le *Petit Verdot*. Raisin à grappe courte; grain menu; couleur vermeille; goût délicat; feuille couleur terne portant beaucoup de vrilles.

Le *gros Verdot*. Mêmes qualités, mais son fruit est

plus gros. Le petit et le gros Verdot mûrissent assez difficilement dans ce département; ils produisent un vin ferme, d'une belle couleur et plein de bouquet : ce vin est de longue garde.

Le *Merlot*. Ce cépage annonce beaucoup de vigueur par la grosseur de son bois. La grappe est ailée, d'un beau noir velouté et composée de grains médiocrement serrés vers le bas. On a donné le nom de Merlot à cette variété de vigne, parce que le merle (oiseau) aime beaucoup ce raisin.

Le *Mancin* ou la *Soumansingue*. Feuille ronde, très-grande, se tachetant de rouge en Septembre; bois brun; grain rond; il donne beaucoup de vin, mais d'une qualité inférieure.

Le *Teinturier* ou l'*Alicante*. Ce cépage a des signes caractéristiques non-seulement par la couleur presque incarnate que contractent ses pampres, long-temps avant que le fruit ait acquis sa maturité, mais encore par sa feuille glabre, blanche et cotonneuse au revers. Son bois est court; le fruit rond; le grain serré; la grappe courte, extrêmement foncée et douce au goût. Il donne un vin faible, très-coloré, âpre, qui a un goût de terroir désagréable. Il n'est propre qu'à donner de la couleur aux vins de basse qualité qui en manquent, encore faut-il en user modérément, communiquant au vin avec lequel on le mêle son âpreté et sa tendance à s'aigrir.

La *Pelouille* ou la *Pelouye*. Grappe et grain gros; couleur pâle; goût inférieur; feuille blanchâtre portant beaucoup de bois et de vrilles. Ce raisin donne un vin commun, mou et sans couleur.

La *petite Chalosse noire.* Cette espèce mûrit très-bien dans ce département. Ses grains oblongs, sont très-gros et composent des grappillons qui forment par leur réunion de très-grosses grappes.

Le *Cruchinet.* La grappe est d'une belle grosseur; les grains sont ronds remplis d'un jus très-agréable au goût.

Le *Cioutat ,* nommé dans ce département le *Persillé* ou en patois la *Persillade.* Il est remarquable par ses feuilles palmées et laciniées en cinq pièces; elles ressemblent assez à la feuille de persil (*apium sativum*) ou d'ache (*apium palustre*).

CHAPITRE III.

PREMIER ARRONDISSEMENT COMMUNAL.

(SOUS-PRÉFECTURE DE BLAYE).

Cet arrondissement est borné au Nord et à l'Est par le département de la Charente-Inférieure; au Sud par les arrondissemens de Libourne et de Bordeaux; et à l'Ouest par la Garonne et la Gironde. Il s'étend depuis le 2.me degré 46.^{m} jusqu'au 3.me degré de longitude Ouest, et depuis le 45.me degré 1.^{m} jusqu'au 45me degré 17.^{m} de latitude Nord.

La partie septentrionale est plate et un peu boiseuse; celle qui est située au Midi forme une suite de collines de l'Ouest à l'Est; elle paraît s'étendre dans la direction du cours de la Dordogne. La partie du couchant, limitée par la Gironde, présente, depuis le Bec-d'Ambès jusqu'à Blaye, une côte élevée et pierreuse, et depuis Blaye jusqu'à ses limites Nord, un sol plat sans arbres et entièrement découvert, sur une étendue d'environ quinze kilomètres (2 lieues et demie). Cette partie ne renferme que des prairies et des marais.

La surface de cet arrondissement est à-peu-près de 42,500 hectares, dont 10,000 en vignes, 18,200 en grains de différentes espèces; 4,350 en prairies, 1,600 en bois-taillis et bois de pin; 6,500 en terres incultes, bruyères et landes; 600 en chemins; 25 en étangs; 760 en bâtimens; 465 en rivières et petits ruisseaux.

4

Cet arrondissement est composé de 4 cantons et de 6i communes. Sa population est de 5o,535 habitans.

L'arrondissement de Blaye possède de belles carrières de différentes qualités ; les unes de pierres dures, graveleuses, grises, calcaires et alumineuses ; les autres tendres. Elles fournissent principalement les deux qualités de pierres vulgairement connues sous la dénomination de pierre de *Roque*, et de pierre de *Bourg*. La première très-susceptible de se dégrader aux gelées, ne sert guère que pour les murs intérieurs des bâtimens. La ville de Bordeaux est presque entièrement bâtie avec les pierres de la seconde espèce. Elle réunit des qualités précieuses, excessivement tendre au moment où on la sort de la carrière, elle est très-facile à travailler, l'air la durcit ensuite au point qu'on la préfère à la pierre de Nantes, employée par quelques personnes.

Dans les cantons de Blaye et de Bourg, le principal produit de l'agriculture est en vin. Dans ceux de *St-Ciers-Lalande* et de *St-Savin*, en grains de diverses espèces, et foins. On recueille aussi du vin dans ces deux derniers cantons, mais plus de blanc que de rouge. Dix mille hectares de vignes, cultivées dans cet arrondissement, produisent, récolte moyenne, 5,64,8oo hectolitres ou quarante mille tonneaux de vin.

CANTON DE BLAYE.

Ce canton fournit à-peu-près 6,ooo à 7,ooo tonneaux de vin rouge, la plupart sont très-moux et ont du terroir; leur couleur, quoique foncée, est terne ; j'en excepterai cependant dans la banlieue de Blaye, le crû de Saugeron, à M. Hyler Cugneau, de 40 à 50 tonneaux; celui de Charron, à M. Laporte-Beaumon, de 50 à 60 tonneaux; celui de Cap-de-haut, à M. Binaud, de 25 à 30 tonneaux; celui de Labarre-Pressogeron, à M. Boissonnot, de 50 à 60 tonneaux, et ceux de MM. La Mare, Deluc, la Baleingue, Gontaud, Jeanty, et quelques autres.

Dans la commune de Cars, le château de Pardaillan; les crûs de MM. Dupouy, Binaud, Arnaud de Fours, etc.

Dans la commune de St.-Luce, les crûs de MM. Lelièvre et Raimond; enfin, dans celle de St-Paul, ceux de MM Debiassan et Binaud.

CANTON DE BOURG.

Le canton de Bourg est separé au Nord de celui de Blaye, par le ruisseau le Brouillon; il est borné à l'Est par le canton de St.-Savin; au Sud par l'arrondissement de Bordeaux; et à l'Ouest par la Garonne et la Gironde. C'est la contrée la plus pittoresque et la plus agréable du département. On y trouve les sites les plus gracieux et les points de vues les plus beaux. L'air y est très-sain et l'eau très-bonne. L'observateur y est également frappé, et de la taille avantageuse et de la candeur de ses habitans. Ils disent avec Fénélon : Les grands biens sont, la santé, la force, le courage, la paix et l'union des familles, la liberté de tous les citoyens, l'abondance des choses nécessaires, le mépris des superflus, l'habitude du travail et l'horreur de l'oisiveté, l'émulation pour la vertu et la soumission aux lois.

Ce canton produit à-peu-près, récolte moyenne, de 8,000 à 10,000 tonneaux de vin rouge. Ce vin est généralement moins coloré que celui du Blayais; mais il a de la finesse, plus de corps et moins de terroir : je dirai même que ceux récoltés dans la banlieue de Bourg, les paroisses de la Libarde et Camillac, et les premières communes, telles que Bayon, St-Seurin, etc., en sont absolument exempts. Quand ils n'ont pas éprouvé la fatigue de la mer, il faut attendre au moins 8 à 10 ans pour les boire dans leur bonté. Comme j'ai eu occasion de le dire, ces vins ont eu long-temps la préférence sur ceux du Médoc. Maintenant le commerce de Bordeaux, n'assimile que les premiers crûs du Bourgeais aux petits vins de Médoc; cependant je ne puis m'empêcher d'observer que ceux-là, récoltés dans une bonne année, sont spiritueux, d'une très-belle couleur et susceptibles d'acquérir, en vieillissant, de la légèreté, du bouquet et un goût d'amande très-agréable : de tous ceux du Bordelais, ce sont peut-être les seuls alors qui se rapprochent le plus des bons vins de Bourgogne.

Toutes les vignes dans cet arrondissement se travaillent à bras d'hommes et à la bêche. Les cépages les plus généralement cultivés dans le canton de Bourg, sont en rouge; le *Merlot*, le *Carmenet*, le *Mancin*, le *Teinturier*, la *petite Chalosse noire*, le *Prolongeau* dans le terrain maigre, et le *Verdot* dans les palus. On trouve encore parmi les vieilles vignes, des espèces qu'on ne plante plus.

Les frais de culture de 36 ares (un journal) de

vigne, dans les bonnes côtes du Bourgeais, sont à-peu-près comme suit :

AVANCES ANNUELLES (1).

Pour apprêter la vigne.	Tailler, pauler et plier les bois........ 15. / Épamprer, lever et effeuiller la vigne. 5	42 F.
» Trois façons de bêche (2).. 22		
» Échalas et vîmes.. :	25	
» Provins..	1	50
» Frais de vendange (5).	10	
» Trois barriq.ˢ à 144 fr. la douzaine (4)	56	
» Impôts.. . . . . '. .	5	
» Fumage (5)..		
» Entretien des vaisseaux vinaires (6).. .	2	14
» Entretien des clôtures et autres cas imprévus..	1	50
» Transport à Bordeaux (5 barriques)..	1	12
» Courtage (7).	5	74
	128 F.	

(1) Le calcul des frais de culture, établi dans cet ouvrage, ne peut être considéré qu'approchant de la vérité, quoiqu'il ait été formé avec soin et sur les renseignemens des agriculteurs les plus estimés et les plus véridiques.

(2) On ne donne guère que deux façons de bêche qui coûtent même prix que la taille.

(3) Subordonnés à la quantité de vin.

(4) On compte en général que le journal du Bourgeais, qui contient 36 ares 65 centiares, c'est-à-dire, à très-peu de chose près ¹/₇ de plus que le journal Bordelais, produit, récolte moyenne, 912 litres (4 barriques) de vin.

(5) On ne fume pas ordinairement les vignobles du Bourgeais.

(6) Je fais entrer ici, le rebattage des barriques de la piquette et le dépérissement des vaisseaux vinaires.

(7) A deux pour cent.

Produit brut.

Le prix moyen de 912 litres (1 tonneau) de vin rouge est de 250 francs : les 36 ares produisent, récolte moyenne, 684 litres (3 barriques).. . . . . . . 187 F. 5o

Partage de ce produit total :

1.° Pour les avances annuelles .	128 F.			
2.° » Intérêts des avances annuelles à 5 p. cent. .	6	40		
3.° » Couverture du cellier et cuvier..	1			
4.° » Renouvellement de la vigne tous les 100 ans.	2			
5.°. » Dépense de culture pendant 5 ans. . . .	2	45		
6.° » La privation du revenu pendant ces mêmes années (1).	4			
7.° » Indemnité des pertes causées par la grêle, la gelée, etc., le 20.me du produit total. . .	9	35		
			153 »	20

Produit net. . . . . 34 F. 3o

Pour rendre plus intelligible la description communale du canton de Bourg, je l'ai divisée en trois parties. La première comprend toutes les communes qui sont

_____

(1) Les vignes commencent à donner à quatre ans.

situées sur les rives droites de la Dordogne et de la Gironde, du Sud-Est au Nord-Ouest; la seconde celles qui se trouvent au centre du Bourgeais; et la troisième celles qui bordent le canton de St-Savin.

PREMIÈRE PARTIE.
PRIGNAC ET CAZELLE.

Les vins récoltés dans ces deux communes, ne doivent point figurer parmi ceux du Bourgeais; ils n'en ont ni la finesse, ni le corps, ni le bouquet, et ne peuvent être considérés que comme vins de Palus; ils égalent par la qualité, ceux de St-Gervais, dont il sera parlé dans le chapitre consacré à l'arrondissement de Bordeaux. Les vignobles de Prignac et de Cazelle sont principalement peuplés par le *Mancin* et le *petit Verdot.*

PRIGNAC.

430 Hab.--400 à 500 T.ˣ de vin r.--5 l. de Bordeaux.

NOMS DES PROPRIÉTAIRES

récoltant au-delà de dix tonneaux.

Lavergne de Mirande........	100 à	120 T.ˣ
Saluces (de)............	50	60
Duraud................	70	80
Geraud................	60	70
Artaud, maire...........	12	15
Canastet..............	10	12
Cavignac..............	10	12
Laffosse..............	10	12

CAZELLE.

3io Hab. -- i5o à a5o T.ˣ de vin r. -- 5 l. de Bordeaux.

Noms des Propriétaires
récoltant au-delà de dix tonneaux.

Soyres (de)................	20 à	3o T.ˣ
Saluces (de)...............	5o	6o
Donis.	10	12
Doris..	10	12

BOURG.

Cette commune, sur la rive droite de la Dordogne, produit les vins rouges les plus estimés de ceux qui sont connus sous la dénomination générale de *vins de Bourg.* Ils ont une belle couleur, beaucoup de corps, et ils acquièrent en vieillissant un bouquet fort agréable; leur déclin ne commence pas avant 25 ou 3o ans. C'est dans la banlieue de cette ville que se trouve le *Château Dubosquet,* à M.ᵐᵉ de Boucaud, un des quatre premiers crûs du Bourgeais : on y récolte, année commune, 5o à 70 tonneaux de vin.

2921 Hab. -- 1200 à i5oo T.ˣ de vin r. -- 5 l. de Bord.ˣ

Noms des Propriétaires
récoltant au-delà de dix tonneaux (1).

Boucaud (M.ᵐᵉ de).	5o à	70 T.ˣ
Peychaud, notaire.	25	3o

(1) Il y a plusieurs propriétaires à Bourg qui recueillent plus de dix tonneaux de vin ; mais ayant des vignobles hors de la commune,

NOMS DES PROPRIÉTAIRES (Suite des)

récoltant au-delà de dix tonneaux.

Charlus (Barbier), maire......	115 à	120 T.x
Augereau (Pierre)...........	10	12
Gaillard (Antoine).........	10	12
Rambaud aîné.............	20	25
Pastoureau (François)........	25	30
Daleau................	10	12
Guyard (Louis)..........	12	15
Galice (veuve)...........	12	16
Despaignet (Augustin)........	10	12
Despaignet (Henriette).......	12	15
Bertin (Charles)...........	20	25
Marseau (Joseph)..........	15	20
Viard (veuve)...........	30	40
Doris................	70	80
Étienne (Joseph)..........	15	20
Peychaud, négociant à Bordeaux..	25	30
Ollivier (veuve)..........	12	15
Boudrefox..............	10	15
Magol................	10	12

et réunissant à Bourg leurs différentes récoltes dans un seul cellier, ce ne sont plus des vins de la première côte de Bourg. J'ai cru ne devoir pas les comprendre dans l'état ci-dessus.

CAMILLAC.

Cette paroisse est réunie depuis trente-trois ans à la commune de Bourg. Elle est située sur la même rive au Nord-Ouest de la ville. Les vins de Camillac sont légers, agréables, et bons à boire au bout de 5 ans.

Noms des Propriétaires

récoltant au-delà de dix tonneaux.

Gellibert (J.) adj. du maire (1).	3o à	35 T.ˣ
Peychaud, receveur.	12	15
Jullian.	10	12
Pecou, jardinier.	10	12
Leydet d'Aubie.	10	12
Pascault (veuve).	12	15
Pascault (veuve de Michel)..	10	12
Roy.	25	3o

LA LIBARDE.

La Libarde, située au Nord de Bourg, était, il y a vingt ans, une commune; mais depuis cette époque elle se trouve réunie à celle de Bourg. Les vins de la partie de la Libarde, ont les mêmes qualités que ceux de la

---

(1) M. Gellibert a eu la bonté de me faire déguster le vin de son crû de 1798, qui n'avait été tiré en bouteille qu'en 1820, et j'avoue qu'il était d'un goût exquis : M. Gellibert espère en avoir encoie dans 15 ans.

banlieue de Bourg, à l'exception d'une plus grande dureté qui empêche l'entier developpement de leurs qualités avant la dixième année.

Noms des Propriétaires
récoltant au-delà de dix tonneaux.

Sou (veuve).	25	à	30 T.ˣ
Berniard jeune, à la Clotte.	10	12	
Berniard-Cossade..	15	20	
Arnaud, cordonnier.	20	30	
Montbrum.	35	40	
Bouillon.	10	12	
Belhade aîné (de).	10	12	
Eyraud (veuve)..	12	15	
Lefort, de Saint-André.	20	25	
Jeanneau..	15	20	
Labadie (Izaac).	10	12	
Bertiaud (Louis).	10	12	

BAYON.

Bayon, situé sur la rive droite de la Gironde, vis-à-vis l'île de *Cazeau*, fournit de très-bons vins. Ils rivalisent avec ceux des meilleures communes du Bourgeais, quant à la couleur, au corps et au bouquet. C'est cette commune qui possède deux des premiers crûs de la contrée, l'un connu autrefois sous le nom de *Tajac*, et l'autre sous celui du *Château de Falfax*. Ces vins ayant besoin de vieillir long-temps pour être bus dans toute leur bonté, ne jouissent de la réputation qu'ils méritent que parmi un petit nombre de connaisseurs.

1030 Hab. — 700 à 800 T.ˣ de vin r. - 5 l. de Bordeaux.

NOMS DES PROPRIÉTAIRES

récoltant au-delà de dix tonneaux.

Marseau (à Tajac.)...........	60 à	70 T.ˣ
Beychade (de) au chât. de Falfax.	50	60
Calvimond-Eyquem (de)........	45	60
Dupouil...................	18	25
Cailleux (veuve)............	20	30
Saint-Cricq...............	20	30
Gérus.'.................	40	50
Malambic (veuve)...........	20	25
Delaroque................	30	40
Lignac..................	12	15
Grimard.................	20	30
Quimaud (veuve)...........	20	30
Sou....................	15	20
Petit..................	10	12
Pierlot , à l'île de *Cazeau*......	200	250

GAURIAC.

Cette commune est bornée, au Nord, par Villeneuve; au Midi, par Bayon; à l'Orient, par Comps, et à l'Occident, par la Gironde. Les vins qu'elle produit, regardés comme une classe intermédiaire entre les divers crûs du Bourgeais, sont pourvus d'une belle couleur et de beaucoup de corps, mais ils ont plus de rudesse et de dureté que ceux de Bourg et de Bayon.

1551 Hab. — 500 à 600 T.ˣ de vin r. — 5 l. 1/2 de Bord.ˣ

Noms des Propriétaires
récoltant au-delà de dix tonneaux (1).

Chambor aîné, maire.	40 à	50 T.ˣ
Pastoureau, p. du Roi, à Blaye (2).	20	25
Paty (Mad.ᵉ de).	30	40
Dechamps (veuve).	40	50
Allard (Jean).	15	20
Prade (les héritiers de Jean).	30	40
Barril (J.-P.).	35	45
Bilas (veuve).	10	15
Roy (les héritiers de).	20	30
Viaud (les héritiers de Pierre). . . .	30	40
Eymery (Pierre).	15	25
Vallerie, curé.	15	20
Charruau (Jean).	10	12
Dupeyrat.	10	12
Cousteau.	10	12
Landard (Pierre).	10	12
Charlot.	10	12
Sourget, à l'île du *Nord*.	15	20

(1) Le nombre des propriétaires récoltant au-dessous de dix tonneaux est très-considérable.

(2) Cette belle propriété, appelée la Pouyanne, a une vue fort étendue sur le Médoc.

VILLENEUVE.

Cette commune est la dernière de celles qui sont situées sur la rive de la Gironde. Elle borde au Nord le canton de Blaye ; à l'Est la commune de Saint-Ciers-de-Canesse ; au Sud celle de Gauriac, et à l'Ouest la Gironde. Ses vins ont quelque ressemblance avec ceux de Gauriac.

387 Hab. — 800 à 1000 T.^{x} de vin r. — 6 l. de Bordeaux.

Noms des Propriétaires

récoltant au-delà de dix tonneaux.

Verderi (D.^{lle}), au ch. de Mandose.	20 à	30 T.^{x}
Lanzac (D.^{lle} de), *idem.*	50	60
Goise (Mad.^{me}), au ch. Descalet (1). .	30	40
Ménoire (Mad.^{me}), au ch. de Barbe.	60	70
Deffieu.	20	30
Despagnet, au chât. de Monconseil.	30	40
Roi, au chât. de Montus.	20	30
Allard..	20	30
Levêque, à Ruzelle	30	40
Doriol..	10	12
Arnaud de Fours.	40	50
Roland de la Gaucherie..	40	50
Sinan.	30	40
Robert.	20	30

(1) Ce château est situé sur une éminence où l'on jouit d'une vue magnifique.

(63)

SECONDE PARTIE.

SAMONAC.

La commune de Samonac produit les vins les plus
estimés parmi ceux qui se récoltent au centre du Bourgeais; elle est limitée au levant par celle de Monbrier;
au couchant par celle de Comps; au midi par celles de
St-Seurin et de Lansac, et au nord par celle de St-Trojan.

Parmi les cent cinquante-six propriétaires de vignobles de cette commune, il n'y a guère que dix à douze
qui récoltent au-delà de dix tonneaux de vin rouge.
M. Michel Gagnerot est au nombre de ces derniers, le
vin qu'il recueille dans son beau domaine du *Château-
Rousset* participe de toutes les qualités des premiers
crûs de ce canton.

487 Hab. — 400 à 500 T.ˣ de vin r. — 6 l. de Bordeaux.

NOMS DES PROPRIÉTAIRES

récoltant au-delà de dix tonneaux.

Gagnerot (Michel)..........	100 à	120 T.ˣ
Canneaud...............	15	20
Charmoy-Barrieu (de)........	50	60
Robert (J. Janvier) maire.......	20	25
Gayet (Joseph)............	15	20
Gagnerot (Louis)...........	15	20
Dégrange (Jérémie)..........	10	15
Sou (Louis)...............	10	15
Sou (Pierre).............	10	12
Eymerit (Jacques)...........	10	12

SAINT-SEURIN DE BOURG.

Saint-Seurin confine, au Levant à la commune de Lansac ; au Couchant à celle de Bayon ; au Midi à celle de Bourg, et au Nord à celles de Comps et de Samonac. Les grands propriétaires de cette commune, sont en petit nombre. Les vins récoltés dans les vignobles des D.lles Lagrave, de Mad.me de Bellotte et de M. Roy, sont fort estimés des connaisseurs.

COMPS.

Cette petite commune est bordée à l'Est par celle de Samonac ; à l'Ouest par celle de Gauriac ; au Nord par celle de St-Ciers-de-Canesse, et au Sud par celle de St-Seurin. Elle fournit des vins qui entrent dans la troisième classe de ceux du Bourgeais.

500 Hab. 300 à 350 T.x de vin r. six l. de Bordeaux.

NOMS DES PROPRIÉTAIRES

récoltant au-delà de dix tonneaux.

Paty (Mad.me de)............	40 à	50 T.x
Roy, maire................	15	20
Garnier..................	30	40
Quimeaud (veuve)...........	20	30
Laudard (Pierre)............	15	20
Pauvef (François)...........	15	20

SAINT-CIERS-DE-CANESSE.

Cette commune du Bourgeais est limitée au Nord par le canton de Blaye; au Midi par la commune de Comps; à l'Est par celle de St-Trojan, et à l'Ouest par celle de Villeneuve. Ses vins sont légers et agréables : ceux récoltés dans les vignobles du village de Bitot sont très-estimés, quoique le commerce de Bordeaux ne les place que parmi ceux de la troisième classe.

806 Hab. - 400 à 600 T.ˣ de vin r. - 6 l. ¹/₄ de Bordeaux.

NOMS DES PROPRIÉTAIRES

récoltant au-delà de dix tonneaux.

Plumeau, au village de Peyrolan. .	40 à	50 T.ˣ
Barrade (Superville).	15	20
Borderon (veuve).	10	12
Roi, notaire.	15	20
Dupuy (les héritiers de)..	50	60
Eyraud (Antoine).	12	15
Eyraud oncle.	15	20
Bernard..	15	20
Lamarque..	10	12
Bodoin.	10	12

TROISIÈME PARTIE.

Les communes de *Marcamps,* de *Tauriac,* de

Lansac, de *Pugnac*, de *Monbrier*, de *Tuilhac* et de *St-Trojan*, situées dans la partie orientale du canton de Bourg, produisent, en général, des vins inférieurs à ceux connus sous la dénomination de *vins de Bourg* : ils n'en acquièrent en vieillissant ni le bouquet, ni le corps, ni le goût d'amande. Les vins de quelques unes de ces paroisses, récoltés dans une année où la température a été favorable à la vigne, empruntent souvent le nom des crûs mentionnés dans les deux premières parties.

CLASSIFICATION DES VINS ROUGES DU CANTON DE BOURG.

Après avoir parlé de la topographie des communes qui produisent les meilleurs vins rouges du Bourgeais et assigné le rang qu'ils doivent occuper entre eux, j'ai pensé que l'on verrait avec plaisir, réunis dans une classification générale, les noms de tous les propriétaires dont les crûs se rangent dans la même classe et paraissent mériter la même estimation, quoiqu'ils diffèrent par des nuances.

PREMIÈRE CLASSE (1).

Le crû de M. Gagnerot (M.ᵉ), à Samonac.

   »   M. Marseau (Joseph), à Bayon.

   ᴰ   M.ᵐᵉ de Boucaud, à Bourg.

   »   M. de Beychade, à Bayon.

(1) De 280 à 300 francs le tonneau.

SECONDE CLASSE (1).

Le crû de Mme de Calvimond, à Bayon.

»   D.^{lles} Lagrave, à St-Seurin.

»   Mme de Bellotte, *idem.*

»   Mme Sou, à la Libarde.

»   M. Dupouil, à Bayon.

»   M. Gellibert, à Camillac.   }   1.ers 2.mes crûs.

»   M. Berniard j., à la Libarde.

»   M. Berniard aîné, *idem.*

»   M. Peychaud, à Camillac.

»   M. Castagnes, à Tauriac.

»   M. Peychaud (n.^{re}), à Bourg.

»   M. Charlus, *idem.*

»   M. Canaud, à Samonac.

»   M. Auditot, à Camillac.

»   M. Augereau, à Bourg.

»   M. Arnaud, à la Libarde.

»   M. Roy, à St-Seurin.

»   Mad.^{lle} Verderi, à Villeneuve.

»   Mad.^{lle} de Lanzac, *idem.*

»   M. Plumeau, à St-Ciers-de-Canesse.

»   M. Barrade, *idem.*

»   Mad.^{me} Borderon, *idem.*

»   M. Goise, à Villeneuve.

»   M. Chamb,or à Gauriac.

»   M. Montbrum, à la Libarde

»   M. Bouillon, *idem.*

(1) De 230 à 275 francs le tonneau.

Le crû de M. Gaillard', à Bourg.

 »   M. Dumenille, *idem.*

 »   M. de Belhade aîné, à la Libarde.

 »   M. Tessier, à Camillac.

 »   M. de Soyres, à Tauriac.

 »   Mad.^me Pacaud, *idem*

 »   Mad.^me Cailleux', à Bayon.

 »   M. Morpin, à St-Seurin.

 »   M. Roi, notaire, à St-Ciers-de Canesse.

 »   M. Dupuy (les hérit.^s), *idem.*

 »   M. Pastoureau, à Gauriac.

 »   M. Marseau, à Tauriac.

TROISIÈME CLASSE (1).

Le crû de Mad.^me Ménoire, à Villeneuve.

 »   M. St-Cricq, à Bayon.

 »   M. Gérus, *idem.*

 »   M. Deffieu, à Villeneuve.

 »   M. de Charmoy, à Samonac.

 »   M. Lacoste, à St-Trojan.

 »   M. Jullian, à Camillac.

 »   M. Pecou, *idem.*

 »   Mad.^me Eyraud, à la Libarde.

 »   M. Lefort, *idem.*

 »   M. Leydet, à Camillac.

 »   Mad.^me de Paty, à Gauriac.

 »   M. Roy, à Comps.

1.ers 3.mes crûs.

---

(1) De 200 à 225 francs le tonneau.

Le crû de M. Despagnet, à Villeneuve.

»   M. Garnier, à Comps.

»   M. Robert, à Samonac.

»   M. Dechamps, à Gauriac.

»   M. Allard, *idem.*

»   M. Prade, *idem.*

»   M. Barril, *idem.*

»   Mad.^{me} Bilas, *idem.*

»   M. Roy, *idem.*

»   M. Jeanneau, à la Libarde.

»   M. Labadie, *idem.*

»   M. Eyraud, Ant.^e, à St-Ciers-de-Canesse.

»   M. Eyraud oncle, *idem.*

»   Mad.^{me} Pascault (veuve), à Camillac.

»   Mad.^{me} Pascault (veuve), M.^e *idem.*

»   M. Roi, à Villeneuve.

»   M. Allard, *idem.*

»   Mad.^{me} Malambic (veuve), à Bayon.

»   Mad.^{me} Quimeaud (veuve), à Comps.

»   M. Laudiard, *idem.*

»   M. Delaroque, à Bayon.

»   M. Lignac *idem.*

»   M. Bernard, à St-Ciers-de-Canesse.

»   M. Lamarque, *idem.*

»   M. Bodoin, *idem.*

»   M. Grimard, à Bayon.

»   M. Rambaud, à Bourg.

»   M. Pastoureau, *idem.*

»   M. Daleau, *idem.*

»   M. Guyard, *idem.*

Le crû de M. Bertiaud, à la Libarde.

» M. Gayet, à Samonac.

» M. Gagnerot (Louis), *idem.*

» M. Roy, à Camillac.

» M. Viaud, à Gauriac.

» M. Levêque, à Villeneuve.

» Mad.^me Quimaud (veuve), à Bayon

» Mad.^me Galice (veuve), à Bourg.

» M. Despaignet (A.), *idem.*

» Mad.^lle Despaignet, *idem.*

» M. Bertin, *idem.*

» M. Marseau (Joseph), *idem.*

» M. Doriol, à Villeneuve.

» M. Arnaud de Fours, *idem.*

» M. Roland de la Gaucherie, *idem.*

» M. Dégrange, à Samonac.

» M. Sou, *idem.*

» M. Rullaud, à Tauriac.

» M. Baratteau, *idem.*

» M. Despagnet, *idem.*

» M. Pauvef, à Comps.

» M. de Casson, à Lansac.

» Mad.^me Viard (veuve), à Bourg.

» M. Doris, *idem.*

» M. Etienne, *idem.*

» M. Peychaud, *idem.*

» Mme Ollivier (veuve), *idem.*

» M. Boudrefox, *idem.*

» M. Magol, *idem.*

» M. Belade de Tausiac, à Lansac.

Le crû de M. Fulchique, à Monbrier.

» M. Emery *idem.*

» M. Vallerie, à Gauriac.

» M. Charruau, *idem.*

» M. Dupeyrat, *idem.*

» M. Consteau, *idem.*

» M. Landard, *idem.*

» M. Charlot, *idem.*

» M. Sourget, *idem.*

» M. Sou, à Bayon.

» M. Petit, *idem.*

» M. Sou (Pierre), à Samonac.

» M. Eymerit, *idem.*

QUATRIÈME CLASSE (1).

Le crû de M. Castagnet, à Marcamps.

» M. Sinan, à Villeneuve.

» M. Robert, *idem.*

(1) De 180 à 200 francs le tonneau.

CHAPITRE IV.

DEUXIÈME ARRONDISSEMENT COMMUNAL.

(SOUS-PRÉFECTURE DE LIBOURNE).

Cet arrondissement est situé au 44° degré 55 minutes 2 secondes de latitude Nord, et au 17° degré 24 minutes 52 secondes de longitude. Il est borné au Nord par une partie du département de la Charente-Inférieure et une partie du département de la Dordogne ; au Midi par l'arrondissement de la Réole ; à l'Orient par le département de la Dordogne , et au Couchant par l'arrondissement de Bordeaux.

Son étendue est d'environ 127,567 hectares , dont 33,912 en vignes ; 49,020 en blé ; 7,060 en orge et avoine ; 7,600 en légumes de toute espèce ; 13,515 en prairies naturelles et artificielles ; 600 en bois ; 6,700 en landes, bruyères et terres incultes ; 2,860 en chemins, places et rues ; 2,900 en bâtimens, maisons et usines , 3,400 en ruisseaux. La surface de l'arrondissement est occupée par des coteaux et des plaines. Le coup-d'œil en est agréable; le pays est peu couvert, la culture très-variée.

Cet arrondissement est composé de neuf cantons ou justices de paix et de cent trente-deux communes. Sa population , d'après le recensement de 1820, est de

104,430 habitans, dont à-peu-près 20,000 dans les villes.

Cette partie du département est traversée par trois rivières, la Dordogne, l'Isle et la Drôme, et par plusieurs ruisseaux assez considérables; les principaux sont : l'Engrane, la Lidoire et la Durèze qui se jettent dans la Dordogne; la Barbanne, la Saye, le Larry qui portent leurs eaux dans la rivière de l'Isle, et les Chalaures dans ceux de la Drôme.

L'arrondissement de Libourne possède plusieurs carrières. Celles de pierres tendres se trouvent dans les communes de St-Emilion, Fronsac, Lussac, Nérijean, Daignac, Grézillac et Montagne. La pierre de Fronsac est celle dont le grain est le plus fin. Les carrières de pierres dures, rocailleuses, etc., sont situées dans les communes de Rauzan, Cornemps, Arrial et St-Michel. Ces deux dernières sont de la meilleure qualité et ont le grain plus uni. Toutes ces pierres sont propres aux grandes constructions; on en bâtit des maisons. Il y a, dans ces carrières, une troisième qualité de pierres dures qui tient le milieu entre les deux autres.

Les principales productions sont en vins, grains de toute espèce, foin, chanvre et oignons.

Les 33,912 hectares de vignes produisent, récolte moyenne, environ 547,200 hectolitres ou 60,000 tonneaux de vin, dont 182,400 hectolitres (20,000 tonneaux) sont consommés par les habitans.

Les vins de *St-Emilion* sont les plus renommés de cet arrondissement, et quoique la commune de ce nom n'en produise presque pas, il ne s'en expédie pas moins plus de 22,800 hectolitres (2,500 tonneaux) par an; à la vérité, on comprend sous cette dénomination les vins récoltés dans les communes de St-Martin de Mazerat, St-Christophe et St-Laurent, qui sont les meilleurs du canton de Libourne : on désigne encore sous le nom de St-Emilion les vins que produisent les communes de St-Sulpice et de Pomerol; celles de St-Georges, Montagne et Néac, canton de Lussac. Le commerce de Libourne y comprend quelquefois les vins que fournissent les communes de Lussac et Puisseguin, même Parsac, quoique bien inférieurs : après ces vins, qui se récoltent dans le canton de Lussac, viennent les côtes de St-Magne, Castillon et Capitourlans, canton de Castillon, où finit l'arrondissement.

C'est avec les deux *Vidures* ou *Bouchets* et le *Malbeck* que se font les bons vins de St-Emilion et de Fronsac. Ces vins ont une belle couleur; ils sont spiritueux et agréables. Les premiers crûs ont un bouquet que l'on ne peut comparer à aucun autre de ce département.

Le canton de *Fronsac* produit beaucoup de vin; mais il n'y a que la côte de *Fronsac* et celle de *Canon* qui méritent d'être citées; les vins de la côte de Canon ont été préférés autrefois à ceux du Médoc, quoiqu'ils aient moins de légèreté et de bouquet : ils sont très-colorés, fermes et d'un goût fumeux et capiteux. Ils se conservent très-long-temps; leur décroissance ne commence pas avant quinze ou vingt ans ; ils sont peu sujets à se décomposer. Sur la côte de Canon il ne se récolte guère que 228 hectolitres (25 tonneaux) de vin, malgré qu'il s'en expédie une plus grande quantité sous cette dénomination.

Le Puinormand, canton de *Lussac*, fournit des vins rouges assez corsés.

Le canton de *Coutras* n'a pas beaucoup de vins rouges.

Le canton de *Guitres* en fournit une bien plus grande quantité, mais moins bons.

L'Entre-deux-Mers comprend les cantons de *Branne* et de *Pujols*; celui de *Pellegrue*, arrondissement de la Réole; une partie de celui de *Sauveterre* et de *Targon*, même arrondissement ; enfin de celui de *Créon*, arrondissement de Bordeaux: tout le restant au Sud se désigne sous le nom de *Benauge*. Dans l'Entre-deux-Mers le transport des vins est très-coûteux dans les années abondantes; et comme la vigne rouge est beaucoup plus dispendieuse que la blanche, les propriétaires s'attachent à cultiver cette dernière ; d'autant plus que, lorsqu'ils sont obligés de convertir leur récolte en eau-de-vie, les vins rouges ne rendent pas autant que les blancs. Le peu de vins rouges qui s'y récoltent sont produits par le *Malbeck* ou le *noir de Pressac*, le *Merlot*, le *Mancin*, le *Teinturier*, le *Cruchinet* et le *St-Macaire*. Ces vins, faits avec soin, deviennent assez agréables en vieillissant ; ils sont presque tous consommés dans le pays, ou expédiés dans les ports de mer, principalement en Bretagne.

Les vins rouges du canton de *Ste-Foi* sont d'une assez bonne qualité et comparables aux côtes de Pujols.

Les Palus de Libourne, de Fronsac, d'Arveyres et de Genissac ne fournissent que des vins d'une qualité inférieure.

Les 32 ares (un journal) de vignes coûtent dans les cantons de Libourne et de Fronsac 1,800 à 2,000 francs ; ils produisent, récolte moyenne, 1,140 à 1,368 litres (5 à 6 barriques) de vin rouge. Les frais de culture sont comme suit :

AVANCES ANNUELLES.

Pour apprêter la vigne. { Tailler, pauler et plier les bois........ 8 / Épamprer, lever et effeuiller la vigne. 3 }		31 F.
» Trois façons de bêche........ 20		
» Échalas et vîmes.............	15	
» Provins.....................	1	
» Frais de vendange............	8	
» Cinq barriq.ˢ à 144 fr. la douzaine...	60	
» Impôts.....................	4	
» Fumage....................		
» Entretien des vaisseaux vinaires....	1	
» Entretien des clôtures et autres cas imprévus.................	1	
» Transport à Bordeaux (3 barriques)..	3	
» Courtage..................	3	75

127 F. 75

PRODUIT BRUT.

Le prix moyen de 912 litres (1 tonneau) de vin rouge est de 175 francs. Les 52 ares (1 journal) donnent, récolte moyenne, 1,140 litres (5 barriques), 218 F, 75

PARTAGE DE CE PRODUIT TOTAL.

1.° Pour les avances annuelles . 127 F. 75

2.° » Les intérêts des avances annuelles, à 5 p. cent. 6   38

3.° » Le renouvellement de la vigne, la dépense de culture pendant 5 années, la privation du revenu pendant ce même temps.   6

4.° » Indemnité des pertes causées par la grêle, la gelée, etc., le 20.ᵐᵉ du produit total. .   10   92

                                    151 » 5

PRODUIT NET. . . . . . 67 F. 70

CHAPITRE V.

TROISIÈME ARRONDISSEMENT COMMUNAL.

(SOUS-PRÉFECTURE DE LA RÉOLE).

Cet arrondissement borne, le département à son extrémité Sud-Est; il est limité à l'Est et au Sud par le département de Lot-et-Garonne, au Nord par l'arrondissement de Libourne; et à l'Ouest par celui de Bordeaux et par la Garonne, qui lui sert de limite depuis la commune de Lamothe jusqu'à celle de St-Mexant après St-Macaire, Il est traversé par le Drot dans la direction du Sud-Est au Nord-Ouest.

Le terrain, situé le long de la rivière, est plat et sujet aux inondations; celui de l'intérieur est montueux ou coupé de coteaux. On y récolte sur environ 109,850 hectares, toute espèce de blés, du chanvre, du lin, du fruit à pepin et à noyau, et du vin dont la plus grande partie se convertit en eau-de-vie. Les propriétaires, dirigeant la culture de la vigne beaucoup plus vers la quantité que la qualité, ne récoltent que des vins de basse qualité. Les vignes s'y cultivent en partie à bras d'hommes et en partie avec des bœufs.

L'arrondissement de la Réole est composé de 6 cantons ou justices de paix, et de 105 communes. Sa population est de 53,954 habitans.

Lorsqu'on parcourt, par la grande route, cette portion du département, depuis son extrémité Sud jusqu'à la commune de St-Mexant, qui la termine au Nord, on jouit d'une vue très-agréable : sur la gauche est la Garonne, qui dirige son cours à travers des plaines cultivées et fertiles ; sur la droite on aperçoit une longue chaîne de coteaux couverts de bois, de vignobles et d'autres productions de l'agriculture. Cet arrondissement est un des plus fertiles du département; la culture y est assez bien entendue : partout il présente l'aspect le plus agréable et le plus fertile; on peut, sans exagération, le mettre en parallèle avec les plus riches campagnes de la France. St.-Macaire et ses environs peuvent produire 91,200 à 109,440 hectolitres (10,000 à 12,000 tonneaux) de vin. Les crûs bourgeois n'y sont pas plus distingués que ceux des bons paysans et ne se vendent guère plus cher. Le goût de terroir est très-sensible dans ces vins, qui, en général, sont excessivement colorés, mais dépourvus de spiritueux et très-rapeux, vice qui leur vient de la manière dont on les fait. Leur lie tombe beaucoup plus promptement que celle des autres vins du département : c'est pour cela, qu'autrefois les armateurs fesaient leurs premières cargaisons en vins de ceux-ci, pouvant les charger six semaines avant que les autres fussent en état d'être transportés. Les vins qui méritent quelque préférence sont récoltés dans les communes d'*Aubiac*, de *Verdelais*, de *St.-Mexant* et de *St-André-du-Bois*. La commune de *Caudrot*, à 6 kilomètres (1 lieue) Sud-Est de St-Macaire, produit des vins supérieurs aux précédens; ils se distinguent par plus de corps et une couleur plus vive.

CHAPITRE VI.

QUATRIÈME ARRONDISSEMENT COMMUNAL

(SOUS-PRÉFECTURE DE BAZAS).

L'arrondissement de Bazas est situé à l'extrémité Sud du département; il est limité au Midi par une partie du département des Landes, dont l'autre le borne au Couchant; au Nord par l'arrondissement de Bordeaux et par la Garonne; à l'Est par l'arrondissement de la Réole et le département du Lot-et-Garonne.

Cet arrondissement est composé de 7 cantons ou justices de paix et de 68 communes. Sa population est à-peu-près de 48,000 habitans.

Son territoire peut être divisé en deux parties; celle de l'Ouest est couverte de sables et de landes, elle ne produit que du bois principalement de pin, du goudron et de la résine; les productions de celle de l'Est sont en froment, en seigle, en maïs et en une très-petite quantité de vins rouges qui ne jouissent d'aucune réputation; le peu qu'on y récolte est consommé par les habitans. Les communes de Bommes et de Sauternes fournissent au contraire des vins blancs très-estimés; on les range dans la classe des premiers vins blancs du département.

CHAPITRE VII.

CINQUIÈME ARRONDISSEMENT COMMUNAL.

(SOUS-PRÉFECTURE DE BORDEAUX).

Cet arrondissement est borné au Nord par celui de Lesparre; au Couchant par l'Océan; au Levant par l'arrondissement de Libourne et de la Réole; au Midi par celui de Bazas et par le département des Landes.

Le terrain de l'arrondissement est très-varié; dans la partie de l'Ouest, il est couvert d'un sable en partie vitrifiable et de landes; sur le bord des rivières, de terres fortes; sur les coteaux, de terres calcaires, glaises et graveleuses. Ses productions diffèrent aussi suivant la nature du sol; elles consistent en vins, froment, seigle, maïs, avoine, foin, légumes, fruits à pepins et à noyaux, bois, œuvre et oseraies. Il possède outre cela de belles carrières de pierres dures : elles sont situées principalement le long de la rive droite de la Garonne.

Cet arrondissement est divisé en 13 cantons, en 19 justices de paix, et contient 152 communes; sa population est de 227,045 habitans.

Bordeaux —— (1), chef-lieu, ancienne, grande et l'une des plus belles villes de France, est située sur la rive

---

(1) Les habitans de Bordeaux consomment annuellement environ 228,000 hectolitres (25,000 tonneaux) de vin.

gauche de la Garonne, à 11 myriamètres et demi (20 lieues) environ de l'embouchure de la Gironde et à 86 myriamètres (147 lieues) sud-ouest de Paris. Le port de Bordeaux, célèbre dans toute l'Europe, est un des plus grands et des plus beaux; il peut contenir jusqu'à mille vaisseaux. La Garonne y établit un bassin d'un quart de lieue de largeur et d'environ une lieue et demie de longueur, en forme de croissant ou demi-lune, où les navires marchands les plus considérables peuvent mouiller avec sûreté et commodité.

VINS DE COTES.

La chaîne de coteaux très-élevés qui s'étend le long de la rive droite de la Garonne, depuis la commune d'Ambarès, canton du Carbon-Blanc, jusqu'à l'arrondissement de la Réole, produit les vins qui sont généralement connus dans le commerce sous le nom de *vins de Côtes*. Ces vins se font du produit d'un grand nombre de cépages aussi diversifiés qu'il y a presque de communes. On les estime plus comme bons vins ordinaires, que comme vins fins; leurs qualités diffèrent en raison de leur exposition, du terrain sur lequel on les récolte et de ce que certains plants y dominent plus ou moins; en général ils sont fermes et colorés, mais quelquefois durs jusqu'à l'âpreté; ils acquièrent pourtant de la qualité en vieillissant. On les expédie beaucoup pour la Bretagne, la Normandie, la Hollande et les ports de la mer Baltique. Au nombre des vins de côtes, le commerce de Bordeaux comprend également ceux qui se récoltent dans les vignobles situés le long de la

Dordogne, depuis l'arrondissement de Blaye jusqu'à Fronsac; mais ces vins rentrent dans la classe des vins ordinaires, à l'exception de quelques communes, telles que *Saint-Gervais*, *Saint-André-de-Cubzac*, *Saint-Romain*, *Cadilhac*, *Saint-Germain* et *Saint-Aignan*, qui produisent des vins moëlleux, agréables et d'une couleur vive.

Les communes de *Bassens* et de *Cenon* donnent les meilleurs vins de côtes; ils se distinguent sur-tout par leur couleur. Ceux récoltés dans les communes de *Floirac*, de *Bouillac* et de *Latresne* sont inférieurs aux précédens, ayant même un peu le goût de terroir.

La commune de *Carignan* ne produit pas beaucoup de vin.

On assimile les vins qui se récoltent sur les coteaux de *Camblanes* à ceux de Bassens; ayant cependant plus de corps et de couleur, mais un peu plus de dureté.

Quinsac fournit dans son ensemble des vins moins bons que ceux de Camblanes.

Les communes de *Cambes*, de *Baurech*, de *Tabanac*, du *Tourne*, de *Langoiran*, de *Paillet*, de *Rions*, de *Beguey*, de *Cadillac*, de *Loupiac* et de *Sainte-Croix-du-Mont* produisent peu de vins rouges; ceux qui s'y récoltent, quoique assez colorés, sont, à quelques exceptions près, d'une qualité ordinaire.

VINS DE PALUS.

Les vignobles, situés sur les terrains gras et fertiles qui bordent les deux rives de la Garonne et de la Dordogne, produisent les vins connus dans le commerce sous la dé-

nomination de *vins de Palus*. On ne cultivait, il y a un
siècle et demi, dans les Palus que les meilleurs cépages;
depuis ce temps, des plants plus communs, mais aussi
plus productifs, leur ayant été substitués, l'excellente
qualité de ces crûs a été altérée. Toutefois ces vins sont
encore très vineux, très colorés, et sans goût de terroir,
mais généralement un peu moux, imperfection qu'on leur
pardonne, en faveur de leur plénitude; ils acquièrent,
en vieillissant, ou par les voyages d'outre-mer, un bouquet fort agréable, beaucoup de fermeté et de saveur. Ils
ont besoin de rester en tonneau 6 ou 8 ans pour acquérir une mâturité convenable; mis en bouteilles, ils se
conservent ensuite long-temps. Les produits de ces vignobles sont plus éventuels que ceux des autres contrées
du département; constamment humectée dans l'hiver,
la vigne y est bien plus sensible que dans les terrains éle-
vés et par conséquent plus exposée aux gelées du printemps et à la coulure, occasionnée par les brouillards,
qui, de la surface des rivières, se répandent sur ce qui
les environne.

1.er PALUS.

Queyries. C'est ainsi que l'on appelle les vignobles
situés sur la rive droite de la Garonne vis-à-vis les
Chartrons, un des faubourgs de Bordeaux. Les vins
qu'ils produisent, quoiqu'ils aient dégénéré depuis
bien des années par des plantations, occupent néanmoins le premier rang parmi ceux des Palus. Ils ont
une couleur très-foncée et beaucoup de corps; en
vieillissant, ils acquièrent un bouquet de framboise

fort agréable : on les mêle souvent avec des vins faibles pour en augmenter la force et la couleur.

2.mes PALUS.

Montferrand et *Bassens*. Les vins de ces deux communes forment la seconde classe des vins de Palus; ils
valent environ 40 à 60 francs de moins (le tonneau)
que ceux des Queyries.

3.mes PALUS.

Ambès.	Les Valantons.
Bouillac.	St-Gervais, (les premiers
Camblanes.	crûs de cette commune).
Quinsac.	Bacalan.

4.mes PALUS.

St-Loubès.	Beautiran.
La Tresne.	Ison.
Macau.	

5.mes PALUS.

St-Gervais.	Asque.
Cubzac.	L'île St-Georges.
St-Romain.	

Toutes les communes ci-dessus produisent des vins
corsés, très-colorés et fermes, qui supportent très-bien
le transport par mer; on les désigne généralement sous
le nom de *vins de cargaison,* parce qu'il s'en expédie
beaucoup pour les pays étrangers et les colonies.

———

Les communes suivantes sont situées entre les deux

rivières, dans le canton du Carbon-Blanc; sans avoir la qualification d'Entre-deux-Mers, vu leur supériorité, ce ne sont cependant ni Palus, ni Côtes.

Ambarès.
La Grave.
} Les vins d'Ambarès et de la Grave, récoltés dans une plaine graveleuse, ont une belle couleur et assez de corps.

Ste-Eulalie. (Ces vins sont plus colorés et plus vineux que les précédens).

St-Loubès.
St-Sulpice d'Ison.
Montussan.
} On trouve quelques crûs distingués dans ces communes; quoique, en général, ils soient inférieurs à ceux dont je viens de parler.

VINS DE MÉDOC.

A deux lieues Nord-Ouest de Bordeaux est la commune de Blanquefort où commence le Médoc. Le Médoc est formé de cette partie du département qui se trouve entre la Gironde et le golfe de Gascogne. C'est une langue de terre qui s'avance au milieu des eaux; elle a la forme d'un cône renversé dont la base, en partant de Blanquefort, va se terminer à la Teste, et peut avoir dix lieues de largeur.

Le Médoc n'offre qu'une vaste plaine, coupée vers le bord de la Gironde par des coteaux qui produisent les meilleurs vins. Ces coteaux sont couverts d'une terre légère, entremêlée d'un grand nombre de cailloux de forme ovale, d'un pouce de diamètre, et d'un blanc grisâtre. A deux pieds de profondeur on trouve une terre rouge, d'une espèce ferrugineuse, sèche et compacte, entremêlée de cailloux qui semblent y être identifiés. La seconde qualité du terrain des vignobles est un sable vif et graveleux. A dix-huit pouces de la surface, on trouve, dans certaines parties, un fond argileux ou glaiseux; dans d'autres, un sable mort. Nulle part on ne rencontre un terrain plus varié dans la qualité et dans les productions. Les propriétés y sont toutes divisées. Les cinquante journaux de vignes d'un même propriétaire sont très-souvent enclavés, par petites parties, dans les cinquante journaux d'un autre particulier. Il y a des communes dont les produits fonciers sont très-abondans, tandis qu'à côté, on en voit de très-pauvres. Il n'est pas rare non plus de voir, dans un même champ, des veines stériles à côté d'autres bien productives. Il en est de même de la qualité et de l'estimation des vins. Tel individu dont les vins sont rangés dans la première classe, renferme, dans une partie de ses vignes, des rayons qui appartiennent à un autre propriétaire dont les vins sont moins recherchés, quoique la nature du sol soit la même. On pourrait se permettre bien des réflexions à cet égard, si l'on ne craignait de heurter les convenances du commerce, qui a un intérêt particulier à ce que les grands crûs ne soient pas trop multipliés. On doit d'ailleurs respecter des systèmes qui sont consacrés par une longue suite d'années et par des observations qu'on ne peut rejeter, sans accuser de prévention les personnes dont les décisions, sur cet article, ont la force de loi. On doit aussi se garder de les attaquer, parce qu'il y aurait peut-être beaucoup de danger à y porter atteinte. La culture des vignes du Médoc diffère aussi de celle qui est en usage dans les autres parties du département. L'arbuste y est très-peu élevé ; le pied n'a guère que dix à douze pouces de hauteur. Il est soutenu par un piquet vulgairement appelé *carasson.* Des lattes de pin, de huit à dix pieds, sont fixées latéralement sur ces piquets et forment une ligne continue d'un bout de sillon à l'autre. L'osier lie le pampre à la latte et au *carasson.* Alors la vigne ne présente qu'un espalier d'un pied et demi de haut dans toute la longueur du sillon. Cette opération commence en Décembre et finit fin Février. Dès le mois de Février, les bœufs donnent les quatre labours à la vigne (faire *les cabaillons* et *abriger*); mais comme la courbe ne peut entièrement dégager les pieds, qu'il faut user d'ailleurs de précaution pour ne pas arracher ou attaquer la racine, le vigneron passe après les bœufs pour déchausser le cep (tirer *les cabaillons*). En Juillet et Août on épampre la vigne et on la relève, c'est-à-dire, qu'on dégage le cep et les grappes enfoncées dans la terre et qu'on assujettit aux échalas les pampres vineux que le poids des grappes en a détachés. Les vignes du Médoc sont, comme toutes les autres, exposées au gelées, aux brouillards et à tous les accidens qui frappent les autres vignobles, mais le plus redoutable dépend de la température de l'été. Lorsque la vigne est échappée à la rigueur de l'hiver, aux incertitudes du printemps et aux dangers des brouillards ; lorsqu'enfin le cultivateur est à la veille de jouir de ses peines, et d'être affranchi de ses sollicitudes ; si l'été est pluvieux, ou si, à l'époque des vendanges, les pluies font remonter la sève, il n'y a plus de proportions dans la qualité et dans le prix des vins, *parce qu'ils n'ont plus ce bouquet,*

cette délicatesse et cette couleur qui les distinguent.
Les vignes du Médoc ne produisent guère que 456
litres (un demi-tonneau) par 32 ares (un journal).
Le terrain est maigre et aride. Les propriétaires, pour
conserver aux vins leur réputation et leur qualité, sont as-
sujettis à ne renouveler les pieds de vigne que par dixième.
Il en est de même pour les engrais. S'ils agissaient diffé-
remment, les vins perdraient leur prix, parce que la
vigne ne produit en effet des vins délicats, que lorsque
ses racines ont pénétré assez profondément dans la
terre, et lorsqu'elle a pris assez d'âge et de consistance
pour contracter le goût du sol. Dans tous les vignobles
du département qui ne sont pas des grands crûs, on
spécule sur la quantité; dans le Médoc, au contraire,
ce n'est que sur la qualité.

Le *Carmenet*, la *Carmenère*, le *Malbeck* et le
Verdot sont les cépages généralement cultivés dans les
plaines du Médoc dont le vin est si renommé. Cette
liqueur délicieuse, parvenue à son plus haut degré de
qualité, doit être pourvue d'une belle couleur, d'un
bouquet qui participe de la violette, de beaucoup de
finesse et d'une saveur infiniment agréable; elle doit
avoir de la force sans être capiteuse, ranimer l'estomac
en respectant la tête et en laissant l'haleine pure et la
bouche fraîche. Le transport par mer, écueil ordinaire
de plusieurs des meilleurs vins de France, n'altère pas
la qualité des vins fins du département de la Gironde;
il contribue, au contraire, à améliorer ceux qui, dans
le principe, sont d'une classe inférieure. Les vins de
Médoc ont toutefois leurs défauts, dont le plus grand,

sans doute, est d'être de peu de durée; ils tendent à leur décomposition après la sixième et septième année; cependant cette règle souffre beaucoup d'exceptions, puisque certains crûs se conservent au-delà de douze ans.

Les frais de culture d'un *Prix-fait* (1) de vignes dans la commune de Soussan sont comme suit:

AVANCES ANNUELLES.

Pour la main-d'œuvre d'un prix-fait (2). . . 126 F.

» 7000 carassons. . . à 7 F. 50° le millier. 52 50

» 12 gerbes de vîmes, » 3 50 la gerbe. . 42

» 12 dito de plians, » 1 50 dito . . 18

» 4000 lattes. . . . . » 22 le millier. 88

» 4 façons de labour, à 2 sols ¼ les 100

  pieds de vigne (24 mille). 120

» Fumer, par an, 2000 pieds de vigne,

  à 9 F. le millier. . . . . . 18 F.

» 15 charretées de fumier, à 7 F. la   } 123

  charretée. 105

Transporté. 569 F.50

---

(1) On compte en Médoc par Prix-fait; il est composé de huit journaux; le journal (32 ares) contient trois mille pieds de vigne.

(2) Le vigneron reçoit quarante-deux écus par tiers : les premiers quarante-deux francs, au moment où il commence à tailler la vigne; les seconds, aussitôt que la taille est finie; et les troisièmes, lorsque la vigne est entièrement arrangée et prête à recevoir le labour des bœufs. Pour ces cent vingt-six francs, le vigneron (vulgairement appelé, dans le Médoc, *Prix-faiteur*) est obligé de *tirer les cabaillons*, c'est-à-dire, ôter la terre que la charrue laisse au pied de la vigne.

Transport de ci-contre. . . . . 569 F. 50

Pour 50 journées à tirer le chiendent (herbe),

    etc., à 10 sols la journée.   25

»   50 journées à tirer les escargots et

    écheniller la vigne , à 10 sols la

    journée.   25

» Relever et épamprer la vigne et pour

    déchausser le verjus 200 journées,

    à 10 sols la journée.   100

» Le transport des œuvres, le prix-fait.   100

» Frais de vendange, le prix-fait.   50

» 24 barriques, à 60 écus la douzaine. .   360

» Le transport des barriques.   9

» Le rebattage des vaisseaux vinaires. .   15

» Les impositions.   50

» Transporter 24 barriques de vin du

    cellier au bateau, à 2 F. les 4 b.ques.   12

» Le transport à Bordeaux, à 2 F. 25 c.

    les 4 barriques.   13   50

» Un pot de vin aux matelots par ton-

    neau, à 1 F. le pot, 6 pots.   6

» Pour le conducteur qui accompagne

    le vin à Bordeaux.   3

» Le courtage, à raison de 500 F. le

    tonneau, à 2 p. cent.   60

» L'escompte à 3 p. cent de 3,000 F. . .   90

» L'entretien des clôtures et autres cas

    imprévus.   25

                                 1513 F.

PRODUIT BRUT.

Le prix moyen de 912 litres (un tonneau) de vin est de 500 francs : le prix-fait produit, récolte moyenne, 54 hectolitres 72 litres (6 tonneaux) de vin. 3,000 F.

PARTAGE DE CE PRODUIT BRUT

1.° Pour les avances annuelles. 1513 F.

2.° » Les intérêts des avances annuelles à 5 p. cent. 75 65

3.° » Le renouvellement de la vigne et la privation du revenu. . . . 200

4.° » Indemnité des pertes causées par la grêle, la gelée, etc., le 20.me du produit brut. . . 150

_____ 1,938 » 65

PRODUIT NET d'un prix-fait ou 8 journaux. 1,061 F. 35

BLANQUEFORT.

Cette commune, qui fait partie du Médoc, distante de deux lieues de Bordeaux, vers le couchant, est bornée au Nord par les paroisses du Pian et de Parampuyre; au Sud par les communes de Bruges et d'Eysines; à l'Ouest par celle du Taillan, et à l'Est par la Garonne qui reçoit le ruisseau la Jalle, lequel rafraîchit d ses eaux la partie méridionale de cette commune.

Elle produit à-peu-près 1000 à 1200 tonneaux de vin, dont 350 à 500 de vins blancs connus sous la dénomination de *vins blancs de Graves*. Ils sont généralement très-bons, *secs* et *agréables*, et ne manquent point de *feu* ou de *montant*. Le premier crû de cette commune est celui de Dariste, connu autrefois sous le nom de Dulamon. Les vins rouges sont d'une qualité intermédiaire : la plupart sont exempts du goût de terroir qui domine dans quelques vins de Côtes et de Bas-fonds. Ils ont une belle couleur et un bouquet qui se développe tard, et d'une manière bien prononcée après quelque temps de bouteille. On les exportait autrefois en Amérique, surtout lorsqu'ils avaient deux ou trois ans; maintenant on les envoie dans le Nord, où ils trouvent un débouché facile.

1971 Hab. — 1000 à 1200 T.ˣ (1) de vin — 2 l. de Bord.ˣ

NOMS DES PROPRIÉTAIRES.

ANCIENS (2).	NOUVEAUX.	TONNEAUX.	
Davin........	Davin........	15 à	20
Lagoublaye.....	Lagoublaye.....	18	25
Morian........	Morian........	18	25
Olivier........	Achart........	20	25
Lafon........	De Matha......	35	40
Badin........	Badin........	18	25

(1) Le tonneau se compose de quatre barriques. La barrique bordelaise doit contenir, suivant les deux arrêts du Parlement du 28 Août 1772 et du 21 Avril 1773, environ 100 pots, si elle est forte, et 108 si elle est faite de bois mince, ou de bois refendu. Il ne sera pas inutile pour les étrangers d'observer que le jeaugeage des barriques se fait sur la mesure de la velte. La velte contient 3 pots $^{12}/_{37}$.ᵉˢ, ce qui fait à-peu-près 3 pots $^1/_3$. D'après cela, 100 pots égalent 30 veltes.

(2) Tous les noms dans les colonnes ayant en tête le mot *anciens*, sont de trente ans et au-delà.

NOMS DES PROPRIÉTAIRES (Suite des).

ANCIENS.	NOUVEAUX.	TONNEAUX.	
Duportail	Courrejolles. . . .	10 à	15
O'Connor..	Portal..	3o	4o
Cholet.	Pelletreau.	25	35
Idem..	Michau..	10	15
Maraquié..	Louzié aîné	3o	4o
Frichon.	Bonnard cadet.. .	15	20
Muratel..	Declouet.	35	45
Day..	Tastet..	10	15
Yenich.	Yenich.	20	3o
Dupaty..	Duval..	20	3o
Dulamon..	Dariste.	100	13o
Duras..	Gernon (les herit.ª).	18	25
Policard.	Castera..	15	20
Magnol..	Dillingham.. . . .	20	3o
Vendure.	Aquart, (Blanq.ᶠᵒʳᵗ).	10	15
Cholet.	Aquart, (Vreillac).	15	20
Dillon..	Leblan Nouguès. .	25	35
Pennet.	Desgranges.. . . .	10	15
Cambon.	Cambon.	12	18
Dutesat..	Changeur..	4o	5o
Taveau.	Clossmann.. . . .	18	25
Barada..	Barada..	5	8
Meger..	Marault..	4	6
Fort.	Fort..	5	8
Day..	Faget..	4	6
Bonnard.	Bonnard aîné. . .	10	15
Lafargue.	Teyssié..	18	25
Pichon..	Vallet..	7	10
Dourcy..	Dourcy..	7	10
Pesse.	Louzié cadet. . . .	10	15
Falve.	Latuffe Roux.. . .	5	8
Baubens.	Baubens, en Palus.	12	15
Duffour..	Duffour, *idem*.. . .	10	15
Divers petits pr.ʳᵉˢ.	. . . .	170	220

LUDON

Cette commune, à une lieue de Blanquefort et à trois de Castelnau, est aussi dans le territoire Médoquin. Elle est bornée au Nord par Macau; au Sud par Parampuyre; à l'Est par la Garonne, et à l'Ouest par la paroisse du Pian.

Elle ne produit que des vins rouges d'une bonne qualité. Ils l'emportent de beaucoup sur ceux de Blanquefort de la même couleur. Cette supériorité s'explique par la nature du terrain qui est plus généralement graveleux, bien qu'on y trouve aussi, mais en moindre étendue, des marais et des palus. Les Hollandais font grand cas de ces vins, parcequ'ils réunissent les qualités qu'ils désirent particulièrement trouver dans les vins qu'ils boivent, c'est-à-dire, la couleur, le moëlleux et le goût aromatique; qu'ils sont en outre presque toujours sans *verdeur*, ce qui, pour eux, est un défaut qu'aucune autre qualité ne saurait racheter.

954 Hab. -- 350 à 500 T.ˣ de vin. — 3 l. de Bordeaux.

NOMS DES PROPRIÉTAIRES.

ANCIENS.	NOUVEAUX.	TONNEAUX.	
Seguineau ou La Lagune.	Piston.	40	à 50
Lemoine..	Barincou..	15	25
Idem.	Lafon Rochet. . .	10	15
Pommier..	Pommier..	75	100
Bacalan..	Bacalan..	45	60
D'Arche.	Barthelot..	18	25
D'Egmont.	D'Egmont. . . .	12	20
Lafitte.	Lafitte.	10	15
Robert.	Angaud..	15	25
Pedesclaux.. . . .	Joubert..	5	8

Noms des Propriétaires (Suite des).

ANCIENS.	NOUVEAUX.	TONNEAUX.	
Saubole..	Larauza'(M.^{thieu}).	6 à	8
Pontet.	Pontet.	5	7
Gouny.	Gouny.	12	15
Sarreau..	Labarthe..	6	7
Grelat	Angelique Grelat..	4	6
Larauza..	Raimond..	4	6
Couleau.	Daudebar.	30	40
Andraud..	Andraud..	3	4
N..	Jonau Desservant.	6	8
Peroa..	Tallamin..	4	6
Denougués.. . . .	Vignolles..	3	4
N	Bracassac..	1	2
N	Meymat..	1	2
N	Seguin (François).	2	3
N	Taillade.	1	2
N	Devignes..	1	2
Dufoure.	L'Hospital.	10	15

MACAU.

Cette commune médoquine est située dans une plaine dont les deux tiers sont en *graves* et l'autre tiers en palus. Elle est bornée au Nord et à l'Est par la Garonne et la Gironde ; au Sud par la paroisse de Ludon, et au Couchant par celle de Labarde.

Le vin qu'elle produit n'est ni aussi agréable au goût ni aussi moëlleux que celui de Ludon. Il est pourvu d'une plus forte couleur et a du corps ; aussi s'en sert-on assez souvent pour couper des vins maigres et faibles, afin de donner à ceux-ci la consistance qui leur manque.

La rudesse qui domine dans les vins de Macau les déprécie singulièrement en Hollande : il ne faut dans ce pays que des vins moëlleux. Macau récolte, année commune, de 700 à 800 tonneaux de vins rouges de graves et environ 2,000 tonneaux de vins de Palus ; ceux-ci sont, comme on le conçoit, très-inférieurs aux premiers.

1420 Hab.--2700 à 2800 T.ˣ de vin--4 l. de Bordeaux.

Noms des Propriétaires.

ANCIENS.	NOUVEAUX.	TONNEAUX.	
Cambon.	Cambon.	60 à	80
Cantemerle.. . . .	Le B. de Villeneuve.	100	120
Lassus.	Duranteau.	20	30
Roborel..	Roborel	40	50
Burke.	Burke	15	25
Duffour..	Duffour Debarthe.	60	80
Abiet.	Abiet.	50	60
Lalanne..	Dudevant..	50	60
Dugravié.	Dugravié.	40	50
Guilhem.	Guilhem.	40	50
Guittard.	Guittard.	15	25
Feloneau..	Boutet.	30	40
Guilcautin.	Mad.ᵐᵉ Desmaison..	20	25
Laronde.	Laronde.	30	40
Larrieu..	Boisson..	30	40
Divers petits pr.ʳᵉˢ.	. . . .		

LABARDE.

Cette autre commune, dépendante du Médoc, est bornée au Nord par celle de Cantenac; au Midi et à l'Est, par Macau et ses dépendances, et à l'Ouest, par Arsac.

Son territoire, où dominent généralement les graves et le sable, produit un vin supérieur à celui de Macau. Il se fait remarquer par le corps, la couleur et le bouquet.

231 Hab. — 250 à 400 T.ˣ — 4 lieues 1/4 de Bord.

NOMS DES PROPRIÉTAIRES.

ANCIENS.	NOUVEAUX.	TONNEAUX.	
Giscours.	H. Lefebre.	3o à	45
	Clém. Dugravier. .	10	15
Bellegarde.	Cholet.	15	25
Lynch.	Lynch.	3o	45
Duboscq.	Lautrec, maire. .	20	3o
Bourgade.	M.ᵐᵉ Bourgade. . .	15	25
Faget.	Geneste, courtier.	10	15
Risteau.	Conceillant. . . .	15	25
Deyrem.	Deyrem.	4	6
Abiet.	Guimbertaut. . . .	4	6
N.	Boucherie.	* 6	10

Il y a beaucoup de petits propriétaires dans cette commune récoltant chacun de deux barriques jusqu'à trois tonneaux de vin, qui se vend un tiers de meilleur marché que les petits bourgeois.

CANTENAC.

Cette commune, une des plus remarquables du Médoc par l'excellence de ses vins, est bornée au Nord par celle de Margaux; au Midi, par celle d'Arsac; à l'Est, par la paroisse de Labarde et la Gironde, et à l'Ouest, par celle d'Avensan.

Ses vins sont d'un goût exquis; aussi sont-ils considérés comme rivalisant avec ceux des meilleures communes du Médoc, quant au bouquet et au moëlleux qui les distinguent particulièrement; ils ont en outre de la couleur, du corps et sont agréablement aromatisés.

824 Hab. - 1000 à 1200 T.^{x} de vin - 4 l. 3/4 de Bordeaux.

Noms des Propriétaires.

ANCIENS.	NOUVEAUX.	TONNEAUX.	
Gorse..........	Guy............	40 à	50
Kirwan	Kirwan........	60	70
Le Ch. de Candale.	Mme de Castelnau.	20	25
Idem...........	Mlle de Candale.	35	40
Poujet.........	Ganet.........	20	25
Idem...........	De Chavaille....	24	30
Determe........	Mad.^{me} Determe...	18	20
Boyd.^{9}.......	Brown.........	40	50
Solberg........	Marq. de Therme.	20	24
Desmirail......	Mad.^{me} Vincent...	10	15
Le Prieur......	Durand........	25	30
De Gasq........	Palmer........	50	60
Dubignon aîné...	Idem..........		
Goudal ou Leroy.	Les hérit.^{s} Garros.	40	45
Massac.........	Couderc.......		
Roux..........	Montbrun.....	14	16
Idem..........	Abiet.........	10	12

NOMS DES PROPRIÉTAIRES (Suite des).

ANCIENS.	NOUVEAUX.	TONNEAUX.	
Roux.	Binet.	12 à	15
Martinens.	Caussade.	20	24
Lynch.	Mad.ᵐᵉ Lynch. . .	40	45
Divers petits pr.ʳᵉˢ.	. . . .		

MARGAUX.

Cette commune tant renommée du Médoc, est bornée au Nord par celle de Soussan ; au Midi, par celle de Cantenac; à l'Ouest, par celle d'Avensan; et à l'Est, par la Gironde.

Son terroir est graveleux et entremêlé d'un grand nombre de cailloux : il produit les vins les plus estimés de la contrée. Ils réunissent toutes les qualités propres à flatter le goût. C'est dans cette commune qu'on trouve le fameux premier crû si connu sous le nom de *Château-Margaux*. On y récolte, année commune, sur 216 journeaux de terrain, environ cent tonneaux de vin, dont quatre-vingt de première qualité, et le reste se classe dans la deuxième. Ces vins, parvenus à leur degré de maturité et d'une année dont la température a été favorable à la vigne, sont pourvus de beaucoup de finesse, d'une belle couleur et d'un bouquet très-suave qui embaume la bouche; ils ont de la force sans être fumeux; ils raniment l'estomac en respectant la tête, et ils laissent l'haleine pure et la bouche fraîche. Ces vins sont très-recherchés par les Anglais et jouissent parmi eux d'une préférence marquée.

829 Hab. --- 1000 à 1200 T.ˣ de vin. — 5 l. 1/4 de Bord.

NOMS DES PROPRIÉTAIRES.

ANCIENS.	NOUVEAUX.	TONNEAUX.	
Chât.-Margaux. . .	De la Colonilla. . .	100 à	120
	De Segla.	25	35
Rausan.	Descage.	25	35
	Pelier.	25	35
	Loriague.	10	15
Lascombe.	Montbrison	15	20
Durefort.	De Viviens.	8	24
Malescot.	Dunoguès.	10	15
Loyac.	Loyac.	10	15
Lacolonie.	Lacolonie.	25	35
Ferrière.	Ferrière.	10	15
D'Alème d'Arche.	Bekker.	20	30
Mercier Dubignon.	Dubignon–Talbot.	12	15
Bernard.	Bernard.	6	10
Seguineau.	Deyrie.	10	15
Lapeyruche. . . .	Solberg.	20	30
Copmartin.	Montbrison	20	30
Larose.	Larose.	6	8
Anglade.	Anglade.	15	20
Capscq.	Capscq	10	14
N.	Cadillon.	14	20
N.	Monpontet.	14	20
Prevaut-Lacroix. .	Eyquem dit Pantoche.	15	22
N.	Campet.	12	18
N.	Veuve Juillat. . . .	8	12
N.	Maurac.	8	12
Seguin.	Micaux.	13	25
N.	Brignard.	8	12
N.	Gachet.	8	12
N.	Thesonnas.	8	12

SOUSSAN.

Cette commune est bornée, au Nord, par celle d'Arcins; su Sud, par celle de Margaux; au Couchant, par celle d'Avensan, et au Levant, par la Gironde.

Cette dépendance du Médoc, quoique très-voisine de Margaux, produit généralement des vins inférieurs à ceux de cette dernière commune. A la vérité, son terrain est moins favorable à la culture de la vigne. Les vins qui s'y récoltent ont une belle couleur et bien de la force; mais un peu de dureté qui empêche le développement de leurs qualités avant la sixième année. Le Nord tire beaucoup de ces vins.

814 Hab. --- 800 à 1000 T.ˣ de vin --- 6 l. de Bord.ˣ

NOMS DES PROPRIÉTAIRES.

ANCIENS.	NOUVEAUX.	TONNEAUX.	
Le P.t Bretonneau. .	Minvieille	3o à	45
Mercier-Belair. . .	Guichon.	6o	7o
De Secondat. . . .	De Mons de Dune.	75	100
Marcadie.	Capelle.	25	35
De Gorsse	De Gorsse.	3o	45
Deyrem, juge. . .	Larigaudière. . . .	3o	45
Le Pᵗ. Barbot. . .	Benoît, maire. . .	20	3o
Richet.	Van Beynhuum. .	10	15
Deyrem, avocat. .	D.ˡˡᵉˢ Deyrem. . . .	10	15
Séguinau.	Joseph Dayries. .	20	3o
Deyrem, procur.ʳ	Peres.	10	15
Toujague.	Gauteyron.	12	20
Loustat.	Preclos aîné. . . .	15	25
Candau.	Rambaut Siamois.	7	10
Divers petits pr.ᵗᵉˢ.	. . . .	7o	100

ARCINS.

Cette commune est séparée, au Midi de celle de Sous-san, par un marais qui a $^1/_5^{me}$ de lieue de largeur; au Nord, elle est limitée par la commune de la Marque; à l'Ouest, par celles de Moulis et de Listrac; et à l'Est, par la Gironde.

Les vins d'Arcins ont moins de dureté que ceux ré-coltés dans les vignobles de Soussan; mais aussi ils n'en ont ni la couleur, ni le bouquet.

259 Hab. — 400 à 500 T.^{x} de vin — 6 l. 1/2 de Bordeaux.

NOMS DES PROPRIÉTAIRES.

ANCIENS.	NOUVEAUX.	TONNEAUX.	
Garat.	Comput, Pressac. .	90	à 100
Dubedat.	Arnauld.	45	50
Subercaseaux. . .	Subercaseaux . . .	50	60
Tramont.	Les hér.^{ers} Dubreil.		
Crû de Bareyre. . .	Duperiez.	30	40
7 à 8 petits pr.^{res} . .	. . . .		

LA MARQUE.

La commune de la Marque qui est également bordée au Levant par la Gironde, confine au Couchant à celle de Listrac; au Nord à celle de Cussac; et au Midi à celle d'Arcins.

Les vins qu'elle fournit participent des qualités de ceux d'Arcins; ils ont pourtant plus de moëlleux et une plus belle couleur. Le Nord tire beaucoup de ces vins.

763 Hab. — 700 à 800 T.ˣ de vin — 7 l. de Bordeaux

Noms des Propriétaires.

ANCIENS.	NOUVEAUX.	TONNEAUX.	
Bracier ou Budos.	Mad.ᵐᵉ Giard . . .	25 à	35
Pigneguy.	Pigneguy.	35	45
Bergeron.	Mad.ᵐᵉ Bergeron. .	35	45
Van der Kun. . .	Von Hemert. . . .	35	45
Lafon.	Merman.	18	25
Pigneguy.	Vincent.	15	20
Blanchart.	Perrins.	25	35
Divers petits pr.ʳᵉˢ.	. . . .		

CUSSAC.

Cette commune du Médoc est bornée au Nord et à l'Ouest, par l'arrondissement de Lesparre ; au Sud, par la commune de la Marque ; et à l'Est, par la Gironde.

La paroisse de St-Gemme a été annexée à celle de Cussac et toutes les deux ne forment à présent qu'une commune. Elle produit des vins supérieurs à ceux de la Marque ; ils sont plus aromatisés et plus moëlleux.

831 Hab. — 300 à 400 T.ˣ de vin — 7 l. 1/4 de Bordeaux.

Noms des Propriétaires.

ANCIENS.	NOUVEAUX.	TONNEAUX.	
Lamotte.	Bergeron.	25 à	30
Labarthe.	Bonnin (1).	30	35
Bernones.	Despare.	60	80

(1) Y compris le petit vignoble de Becamil, qui appartient à présent à M. Laborde, gendre de M. Bonnin.

NOMS DES PROPRIÉTAIRES (Suite des).

ANCIENS.	NOUVEAUX.	TONNEAUX.	
Penicaud.	Legraët.	50 à	60
Camarsac.	Camarsac.	30	40
Salva.	Decamino.	15	18
Mad.ᵐᵉ Castelnau.	Phelan, à St-Gemme.	55	60
Lanessan.	M.ᵐᵉ Delbos, à *idem*	45	50
Divers petits pr.ʳᵉˢ.			

LE TAILLAN.

Cette commune du Médoc, est située à l'Ouest de celle de Blanquefort; au Nord de celles d'Eysines et de Sainte-Christine; et à l'Est de celles de Saint-Aubin et de Saint-Médard: elle est bornée au Nord par des landes. Le Taillan produit, récolte moyenne, environ 600 à 800 tonneaux de vin rouge, et 150 à 200 tonneaux de vin blanc. Les vins rouges ne sont pas d'une haute qualité et peuvent être placés au rang des vins communs du Médoc. Comme le terrain du *Haut-Taillan* est très-pierreux, plusieurs propriétaires y ont planté, depuis une vingtaine d'années, des vignes blanches d'un cépage de choix, et en ont obtenu un résultat très-avantageux.

830 Hab. — 800 à 1000 T.ˣ de vin. — 2 l. de Bordeaux.

NOMS DES PROPRIÉTAIRES.

ANCIENS.	NOUVEAUX.	TONNEAUX.	
Delaroze.	Fornerod.	40 à	50
Michau.	Michau.	30	40
Miramon.	Duval.	10	12

8

NOMS DES PROPRIÉTAIRES (Suite des).

ANCIENS.	NOUVEAUX.	TONNEAUX.	
Delavie.	Le marq'. de Brias.	80 à	100
Lassalle..	Veuve Jannesse.. .	30	40
Abbe-Dulo et Moncheil.	Bechade..	15	20
Duroussel.	B.y Curé.	20	25
Brawer.	Derives,. maire . .	15	20
Dardan.	Thomas..	15	20
N.	Maubourguet.. . .	15	20
Marot..	Corbière.	20	25
Diers.	Bernard	10	12
Cursol.	Les h.ers de Pierre Pierre.	30	40
Sandilan.	F. Guestier	20	30
172 divers p.tts pr.res.	. . . .	450	500

LE PIAN.

Cette commune est limitée au Levant, par Ludon; au Midi, par St-Ahon; au Nord, par Arsac; et au Couchant, par des landes.

Le Pian fournit des vins d'une bonne qualité et qui approchent beaucoup de ceux de Ludon. Les propriétaires de cette commune les expédient presque tous les ans, pour la Hollande où ils sont connus et se vendent sous le nom de *vins de Ludon*.

612 Hab. — 300 à 400 T.x de vin — 3 l. de Bordeaux.

NOMS DES PROPRIÉTAIRES.

ANCIENS.	NOUVEAUX.	TONNEAUX.	
Chatard	Baour.	35 à	50
Basterot.	Barthez..	35	45
La Porte.	Mussinot..	60	80

NOMS DES PROPRIÉTAIRES (Suite des).

ANCIENS.	NOUVEAUX.	TONNEAUX.	
Minvielle.	Gaube.	8 à	12
D'Alesme.	Yvoi.	5	8
Lamourous.	Maignol.	10	15
Idem	Lamourous.	8	12
Idem.	Lettu.	8	12
De Bacalan.	De Bacalan.	12	20
La Brune.	Guiraud.	8	12
187 petits pr.res		100	150

ARSAC.

La commune d'Arsac est bornée à l'Est, par celles de Macau et de Labarde; au Nord, par celles de Cantenac et d'Avensan; au Sud, par celle du Pian; et à l'Ouest, par des landes.

Elle produit des vins qui ressemblent beaucoup à ceux de Cantenac; ils ont une belle couleur, du corps et un joli bouquet.

700 Hab. -- 200 à 300 T.x de vin. — 4 l. 1/4 de Bordeaux.

NOMS DES PROPRIÉTAIRES.

ANCIENS.	NOUVEAUX.	TONNEAUX.	
Guy, (le Tertre)	Brezets.	40 à	50
Chauvin.	Lawton.	40	50
Copmartin.	Montbrison.	15	20
N.	Deyrem.	10	12
N.	Bachelot.	20	25
Le Gras.	Angludet.	12	15
Idem.	Lesgarde.	8	10
Idem.	Le Gras aîné.	20	24
Idem.	La Grave.	12	15

CASTELNAU.

Le territoire de Castelnau est limité à l'Est, par celui d'Avensan ; au Nord, par celui de Moulis ; à l'Ouest et au Midi, par des landes.

Cette commune quoique située derrière celle de Margaux, une des meilleures du Médoc, ne produit cependant que des vins d'une qualité très-médiocre ; ils sont en général un peu plats ou mols et sans bouquet.

1078 Hab. — 3oo à 4oo T.ˣ de vin --- 6 l. de Bord.ˣ

NOMS DES PROPRIÉTAIRES.

ANCIENS.	NOUVEAUX.	TONNEAUX.	
Lamalétie..	Rejaumont.	20 à	25
Damas.	Damas frère. . . .	10	15
St-Guiron.	St-Guiron.	20	3o
Bernon.	Bernon.	3	5
Bergeron.	Bergeron.	15	18
N.	Goutier Lahaude.	10	18
N.	Larigaudière. . . .	10	12
Divers petits pr.ʳᵉˢ.	. . . .		

AVENSAN.

La commune d'Avensan est bornée au Nord, par celle de Moulis ; au Couchant, par celle de Castelnau ; au Levant, par celle de Margaux ; et au Sud, par des landes. Ses vins ont beaucoup de rapprochemens avec ceux de Moulis, dont je parlerai ci-après ; ils ont de la couleur, du corps et un joli bouquet.

988 Hab. — 100 à 150 T.ˣ de vin — 6 l. de Bordeaux.

NOMS DES PROPRIÉTAIRES.

ANCIENS.	NOUVEAUX.	TONNEAUX.	
Laroche-Jaquelin.	Citran.	60 à	80
Lalo.	Lalo.	7	8
Marteau.	Marteau.	12	15
Perragind.	vignoble négligé. .		

MOULIS.

Cette commune du Médoc, confine au Nord, à celle de Listrac; à l'Est, à celle d'Arcins; au Midi, à celle d'Avensan; et à l'Ouest, à des landes. Elle fournit des vins qui ont du corps, une belle couleur et un peu de bouquet; on les expédie généralement pour le Nord.

831 Hab. — 400 à 500 T.ˣ de vin — 6 l. 1/2 de Bordeaux.

NOMS DES PROPRIÉTAIRES.

ANCIENS.	NOUVEAUX.	TONNEAUX.	
Gressier..	Veuve Gressier.. .	35 à	50
Brassier..	Castaing.	75	90
Mauvezin..	Duperrier.	12	20
Idem..	Mauvezin..	20	30
Bertin..	Bertin.	10	15
Biston..	Biston.	12	15
Gastebois..	Castaing.	25	30
Barenes..	Bergeron.	12	20
	Hugon.	12	20
Divers petits pr.ʳᵉˢ.	Au village de Poujeaux.	30	45
Idem..	Dans l'intʳ. de la commᵉ.	30	45

LISTRAC.

Cette commune derrière celle de la Marque, est limitée au Nord, par l'arrondissement de Lesparre; à
l'Est, par les communes de la Marque et d'Arcins; au
Midi, par celle de Moulis; et à l'Ouest, par des landes.
Elle produit des vins qui réunissent à-peu-près les
qualités de ceux de Moulis; ils sont recherchés pour
la Hollande.

1750 Hab. — 600 à 800 T.^{x} de vin — 7 l. de Bord.^{x}

Noms des Propriétaires.

ANCIENS.	NOUVEAUX.	TONNEAUX.	
Momand.	St-Guirons.	80 à	100
Ducluseau.	Ducluseau.	35	40
Hosten.	Hosten.	50	60
Duranteau.	Von Hemert. . . .	90	100
Labeurthe.	Le chev. Bernard.	50	60
Chautard..	Caseau.	18	20
Roulet.	Changne.	15	16
Clarke.	St-Guirons.	50	60
Bonnet..	Bonnet.	25	30
Hugon.	Hugon.	18	20
Lebré, curé. . . .	N.	15	18
Magné.	Magné.	16	18
Luisot.	Luisot.	20	24
Divers petits pr.^{res}.	.. . .		

VINS ROUGES DE GRAVES.

On nomme ainsi les vins qui se récoltent sur les
terrains graveleux qui s'étendent depuis Bordeaux,
jusqu'à environ trois lieues au Sud, et deux lieues à
l'Ouest de la ville.

C'est avec le produit du *Merlot*, de trois espèces de *Carbouet* ou *Carmenet*, du *Verdot*, du *Gourdoux* ou *Malbeck*, du *Balouzat* ou *Mouzane* et du *Massoutet*, que se font ces vins délicats de Graves, qui disputent à ceux du Médoc, la préférence sur les vins du département de la Gironde. Ils sont en général plus corsés, plus vineux et plus colorés que les vins du Médoc; mais ceux-ci leurs sont préférés pour leur bouquet et leur saveur. Le goût de résine, qui caractérise tous les vins de Bordeaux, est plus prononcé dans ceux-ci. Ils ne doivent être mis en bouteilles qu'après avoir séjourné six ou huit ans dans les tonneaux, suivant la température de l'année qui les a produits; leur durée est étonnante, et souvent à vingt ans ils n'ont rien perdu de leur excellente qualité.

Les frais de culture de 32 ares (un journal bordelais) de vigne dans les graves de Bordeaux, sont comme suit :

AVANCES ANNUELLES.

Pour apprêter la vigne.
{ Tailler, pauler et plier les bois........ 15
{ Épamprer, lever et effeuiller la vigne. 10 } 55 F.

» Trois façons............... 30 }

» Échalas et vîmes (1). 25

» Fumer $1/_{10}^{me}$................. 20

» Frais de vendange............ 6

Transport en l'autre part. . 106 F.

_____

(1) Les échalas deviennent chaque année plus chers.

Transport de ci-contre. . . . . 106 F.

Pour Trois barriques, à 180 fr. la douzaine. . . 45

  » Entretien des vaisseaux vinaires. . . .   2   50

  » Entretien des clôtures et autres cas

       imprévus.   3

  » Impôts.   7

  » Tranport à Bordeaux (3 barriques). . .   2

  » Courtage à 2 p. cent, de 225 fr.   4   50

                                             170 F.

PRODUIT BRUT.

Le prix moyen de 912 litres (1 tonneau) de vin rouge de Graves, est de 300 francs : les 32 ares (1 journal) produisent 684 litres (3 barriques).   225 F.

PARTAGE DE CE PRODUIT TOTAL.

1.º Pour les avances annuelles. . 170 F.

2.º » Intérêts des avances an-

         nuelles à 5 p. cent. .   8   50

3.º » Couverture du cellier

         et cuvier.   1

4.º » Renouvellement de la

         vigne tous les 100 ans.   2

5.º » Dépense de culture

         pendant 5 ans. . . .   3

6.º » La privation du revenu

         pendant ces mêmes

         années.   4   25

7.º » Idemnité des pertes, le

         20.me du produit total.   11   25

                                        200 F.

PRODUIT NET. . . . . 25 F.

MÉRIGNAC (1).

La commune de Mérignac est limitée au Nord, par celle de Sainte-Christine; à l'Est, par celle de Cauderan; au Midi, par celle de Pessac; et à l'Ouest, par les landes de Martignas.

Les vins rouges de Mérignac sont agréables, assez *coulans* et remplacent souvent les cinquièmes et quelques quatrièmes crûs du Médoc, surtout lorsque ces derniers ont un peu de maigreur.

2764 Hab.-800 à 1000 T.ˣ de vin r.-1 l. 1/2 de Bord.ˣ

Noms des Propriétaires
récoltant au-delà de cinq tonneaux.

Anthouné (Étienne) (2)	5 à	6 Tˣ
Aleon (veuve).	5	6
Archeveque (L.).	10	12
Berrere.	8	10
Berton.	6	7
Bonin.	10	12
Burgade.	10	12
Carbonel Séginno.	80	100
Changeur (P.ʳᵉ).	10	15
Chavaille	5	6
Chardon (P.ʳᵉ).	10	15

(1) Dans les *graves* de Bordeaux, le journal de vigne ne produit que 513 litres ou 2 barriques et un quart de vin.

(2) Les vignobles produisant les vins rouges de Graves, sont trop nombreux pour pouvoir classer chaque crû par commune : c'est pourquoi j'ai rangé, suivant l'ordre de l'alphabet, les noms des propriétaires de ces communes.

9

Noms des Propriétaires (Suite des)

récoltant au-delà de cinq tonneaux.

Clarke (Elie)........................	20 à	3o T.¹
Constant...........................	12	15
Cortainte (veuve).................	5	6
Coutanceau........................	12	15
Dazin..............................	10	12
Derochefort.......................	15	20
Durécu............................	15	20
Ducasse...........................	15	20
Duveze Castera....................	6	8
Effrey.............................	8	10
Fridelin...........................	5o	6o
Feydieu...........................	5	6
Galos, négociant..................	8	10
Lacaye............................	6	8
Laclaverie........................	5	6
Lafaye (Jean).....................	10	12
Lafon de Ladebat.................	5	7
Lafon (Pierre)....................	5	6
Lafon (George)...................	20	25
Lagueyte..........................	5	6
Laplace (veuve)..................	5	6
Leon Cohen.......................	12	15
Marbotin (veuve).................	15	20
Martel (Louis)....................	35	4o
Martin (Jean).....................	5	6
Mauvigney........................	5	6
Mersgnac (Léon)..................	20	25

NOMS DES PROPRIÉTAIRES (Suite des)

récoltant au-delà de cinq tonneaux.

Nante.	10 à 12	T.x
Olivié aîné.	18	20
Penicaud (Joseph).	10	15
Pujautier aîné.	25	30
Schrœder, négociant.	20	25
Sibadey.	10	12
Surègre.	5	6
Thiery, négociant.	6	8
Videau (François).	5	6
Vigne.	10	12

LÉOGNAN.

Le territoire de Léognan est borné au Levant par le Bouscat et Martillac; au Nord, par Gradignan et Canejan; au Couchant, par Cestas; et au Midi, par des landes.

Cette commune produit des vins plus fermes que celle de Mérignac; ils ont plus de corps et de couleur, mais moins de *coulant*. On les accuse d'un peu de terroir; ils se conservent long-temps et acquièrent de la qualité en vieillissant ou lorsqu'on les fait voyager. Autrefois les anglais leur donnaient la préférence pour l'Irlande; mais maintenant on les exporte dans le Nord.

1615 Hab.—600 à 800 T.x de vin r.—2 l. 1/2 de Bord.x

Noms des Propriétaires

récoltant au-delà de cinq tonneaux.

Andrau.	20 à 30	T.ˣ
Bobineau.	6	8
Bordier.	6	10
Brown.	25	30
Canolle (de).	70	100
Casterau.	40	50
Chevalier.	12	15
Dauriol.	10	15
Desclaur.	6	8
Duboscq.	8	10
Dufresne.	10	15
Foures.	12	15
Frigière.	8	10
Garat.	6	10
Gassiot.	12	15
Godefroy.	15	20
Laborde.	8	10
Lalanne.	15	20
Lavigne.	5	6
Leris.	6	10
Lespiod.	12	15
Lessauce.	6	8
Literic.	50	80
Mareilhac.	70	100
Marsaudon.	8	10
Rambaud.	5	6

NOMS DES PROPRIÉTAIRES (Suite des)

récoltant au-delà de cinq tonneaux.

Sartes.	8 à 10	T.ˣ
Sauvage.	60	80
Souverbie.	50	60
Thiebeuf	5	8

VILLENAVE D'ORNON.

Cette commune située sur la rive gauche de la Garonne, est bordée au Nord par la commune de Bègles; à l'Ouest, par celle de Gradignan; et au Midi, par celles de Léognan, du Bouscat et de Cadaujac. Elle fournit une assez grande quantité de vins rouges qui diffèrent beaucoup entre eux pour la qualité, suivant que les vignobles se rapprochent de ceux des communes de Léognan et de Bègles ou de la rivière. En général, ces vins ont moins de corps et plus de terroir que ceux de Léognan. La réputation de cette commune ne lui est acquise que par les excellentes qualités de ses vins blancs.

1524 Hab. — 450 à 500 T.ˣ de vin r. — 2 l. de Bord.ˣ

NOMS DES PROPRIÉTAIRES

récoltant au-delà de dix tonneaux.

D'Alon, (le marquis).	15 à 20	T.ˣ
Basquiat (de), ...	18	20
Bouchereau.	45	50

NOMS DES PROPRIÉTAIRES (Suite des)
récoltant au-delà de dix tonneaux.

Bousquet.	20 à 30	Tx
Cave.	12	15
Deçoing.	15	20
Faucher.	20	30
Guercy (de).	30	40
Hesse.	45	50
Lamoureux.	30	40
Laporte.	10	15
Larché.	20	30
Lecler.	10	15
Lessence.	10	15
Letamendi.	12	15
De Létang.	20	30
Otard.	60	75
De Pradines.	15	20
Rignoux.	18	25
Rougier.	15	20

TALENCE.

La commune de Talence est bornée à l'Est, par celle de Bègles; au Midi, par celle de Gradignan; à l'Ouest, par celle de Pessac; et au Nord, par celle de Cauderan et les dépendances de la ville de Bordeaux. Les vignobles de la partie dite *le Haut-Talence*, fournissent des vins fins, de l'espèce et de la qualité de ceux des troisièmes et seconds crûs de Pessac : on rencontre parmi les autres beaucoup de vins corsés et très-solides.

1180 Hab. — 800 à 900 T.ˣ de vin. — ¹/₂ l. de Bordeaux.

NOMS DES PROPRIÉTAIRES

récoltant au-delà de cinq tonneaux.

Berge.	9 à 10	T.ˣ
Bernard de Saint-Afrique.	7	8
Billiot.	45	50
Blumerel, maire.	15	18
Bontemps-Dubary.	10	12
Bourges.	6	8
Chapelle.	38	40
Corbière et Monsarrat.	9	10
Coustau.	10	12
Dawlin.	15	18
Declerk.	21	25
Domaine Royal Cholet.	30	35
Faman.	8	10
Galaup.	8	10
Gerus.	5	7
Goudal.	13	15
Grand.	22	25
Graverau.	16	18
Guichart.	6	8
Jaquet.	8	10
Jouis.	10	12
Laclaverie.	8	10
Lacos (D.ˡˡᵉ).	15	20

NOMS DES PROPRIÉTAIRES (Suite des)
récoltant au-delà de cinq tonneaux.

Lafitte	5 à	6 T.x
Larrouy	6	8
Lavardens	8	10
Mailhere	13	15
Martel	7	8
Michel (Haut-Brion)	10	12
Miramon	7	8
Molas	7	8
Monié	12	14
Rabat	10	12
Rodrigues	15	18
Roules	30	35
Rousseau	15	18
Sales	18	20
Savin	12	14
Thiac	8	10
Trigan Brau	9	12
Vielle Bertrand	20	25
Vignes	12	15
Villesusane	9	12

PESSAC.

La commune de Pessac confine au Nord à celle de Mérignac; au Sud, à celles de Gradignan et de Canéjan; à l'Est, à celle de Talence; et à l'Est, aux landes d'Illac. Ses vins sont généralement d'une couleur vive et brillante; ils ont plus de corps que ceux du Médoc, mais ils en diffèrent par un peu moins de bouquet, de moëlle et de finesse. Le premier crû de cette excellente commune de Graves, est celui du *Château Haut-Brion,* à une démi-lieue Sud-Ouest de Bordeaux. Le vin qui s'y récolte est considéré comme celui des trois premiers crûs du Médoc, quoique depuis quelques années il ait perdu de sa réputation, parce qu'on y a employé trop d'engrais. Les vins de Haut-Brion ne peuvent être mis en bouteilles que six ou sept ans après la récolte, tandis que ceux des autres premiers crûs sont potables au bout de cinq ans.

1350 Hab.--1000 à 1500 T.ˣ de vin.--1 l. 1/2 de Bordeaux.

Noms des Propriétaires

récoltant au-delà de dix tonneaux de vin rouge.

Ambielle. . . . . :	3o à	4o T.ˣ
Bahans.	20	3o
Barron.	15	25
Bedouzet (héritier).	20	3o
Castagnet.	20	3o
Casterac.	12	15
Catalan (de).	3o	4o
Chaippella.	10	12
Desmare (Jacob).	20	25
Dupont.	10	12
Faget.	15	20
Ferrant.	20	3o
Ferme (la) de Mgr. le duc de Bordeaux.	20	3o
Jarrige (Pape Clément).	3o	4o

Noms des Propriétaires. (Suite des)

La Chappelle.	15 à	20 T.ˣ
Lavardin.	20	25
Lurine.	10	12
Magnonty.	15	20
Martel.	20	30
Michel (Haut-Brion).	100	120
Patin.	12	15
Raby (veuve).	10	15
Roux, ex-juge.	20	25
Sarget.	15	20
Soucaret.	25	30

PETITS VINS ROUGES DE GRAVES.

Les communes suivantes, situées au Midi de Bordeaux, fournissent les vins connus sous la dénomination de *petits vins rouges de Graves*. Parmi ces vignobles qui ne produisent généralement que des vins communs, on trouve cependant quelques crûs qui gagnent beaucoup en vieillissant.

Gradignan. Cette commune donne des vins d'une qualité très-ordinaire, tant en rouges qu'en blancs.

Martillac fournit des vins durs et communs qui ont pourtant du corps et une assez belle couleur.

La Brède produit des vins durs et communs.

Beautiran, Castres, St.-Selve et Portets, font des vins très-ordinaires et qui ont le goût de terroir.

Au nombre des petits vins rouges de Graves, le com-

merce de Bordeaux comprend encore ceux qui sont récoltés dans les communes de Cauderan, du Bouscat, de
Bruges et d'Eysines. Ces vins sont très-communs et se
vendent ordinairement pour la consommation de la ville
de Bordeaux.

CHAPITRE VIII.

SIXIÈME ARRONDISSEMENT COMMUNAL

(SOUS-PRÉFECTURE DE LESPARRE).

L'arrondissement de Lesparre est limité à l'Est, par la Gironde; au Sud, par le canton de Castelnau qui fait partie de l'arrondissement de Bordeaux; au Nord et à l'Ouest, par l'Océan. Sa superficie, en y comprenant la Gironde, jusques dans son milieu, est de soixante lieues carrées.

Les renseignemens divisent ainsi la surface de cet arrondissement; rivières 24420 hectares; étangs 7183; ruisseaux 1436; vignes 14365; froment 17228; seigle 14365; orge et avoine 1430; légumes 2873; prairies 14300; bois 21000; marais salans 1537; landes 6462 ; dunes 25857; chemins, places, etc. 10055; bâtimens de toute espèce 3409.

Cet arrondissement est composé de 4 cantons ou justices de paix, et de 30 communes. Sa population est de 53,680 habitans, dont 6000 sont propriétaires.

L'arrondissement est à-peu-près traversé par le grand chemin ou la grande route de Bordeaux à Lesparre et Soulac. Il n'y a ni manufactures, ni fabriques, ce qui est peut-être avantageux pour cette contrée; car la population en est si faible, que, sans le secours des étrangers qui y viennent tous les ans, des départemens de la Charente-Inférieure et des Pyrénées, la culture des vignes souffrirait beaucoup. Outre cela, le prix excessif des journées, rendrait peut-être infructueuse, toute espèce de tentative pour l'établissement des fabriques. Les vins n'y sont point convertis en eaux-de-vie, parce que les plus inférieurs sont d'un prix trop élevé pour que l'on puisse en fabriquer avec avantage. Toute cette partie du département est appelée *Bas-Médoc*, à l'exception des communes de St.-Julien, Pauillac, St.-Estèphe, St.-Seurin de Cadourne, St.-Laurent, St.-Sauveur, Cissac et Verteuil.

SAINT-JULIEN DE REIGNAC.

Après avoir traversé le marais de Bechevelle, on se trouve sur le territoire de St.-Julien. Cette excellente commune, confine au Midi, à l'arrondissement de Bordeaux ; au Levant, à la Gironde ; au Couchant, à la commune de St.-Laurant ; et au Nord, à la paroisse de St.-Lambert. Les vins qu'elle produit peuvent être comparés pour leurs qualités à ceux de Margaux et de Cantenac ; ils ont toutefois un bouquet particulier qui les distingue parfaitement de ceux des autres communes médoquines. Ces vins ont besoin d'être conservés cinq à six ans en tonneaux avant de parvenir à leur maturité ; ils réunissent alors toutes les qualités qui constituent les bons vins.

900 Hab. — 1000 à 1500 T.x de vin — 8 l. de Bordeaux.

Noms des Propriétaires.

ANCIENS.	NOUVEAUX.	TONNEAUX.	
	De Lascazes. . . .	80	à 100
Léoville ou Labadie. . .	D'Abadie.	40	50
	Barton.	12	18
	Chevalier.	15	20

NOMS DES PROPRIÉTAIRES. (Suite des)

ANCIENS.	NOUVEAUX.	TONNEAUX.	
Gruau ou la Rose.	Balguerie.	120	150
Bergeron.	Ducru.	35	45
Branes-Arbouet. .	Cabarrus.	100	120
Pontet-Langlois. .	Barton.	100	120
	Rontems-Dubarry . .	25	55
Saint-Pierre. . . .	Roulet.	12	18
	Galoupeau. . . .	12	18
Duluc.	Duluc..	80	90
Brassier ou Budos.	Conte (Jacques) .	100	110
Delage.	Dauch.	70	80
Dubosq.	Bedout.	50	55
N.	Jattin.	10	15
Cadillon.	Cadillon.	15	25
Divers petits pr.res.	. . . .		

SAINT-LAMBERT.

Cette paroisse qui est maintenant annexée à la commune de Pauillac, produit aussi d'excellens vins et qui réunissent à-peu-près les mêmes qualités que ceux récoltés dans la commune de St.-Julien. On y trouve le fameux premier cru de *Château-Latour*. Ce vin se distingue ordinairement par plus de corps et de consistance de celui du Château-Lafitte; mais il a besoin d'être gardé un an de plus en tonneaux pour acquérir sa maturité. Les anglais en font le plus grand cas et l'achettent presque tous les ans lorsque la température a été favorable à la vigne. Son prix s'établit comme celui du Château-Lafitte et du Château-Margaux : on y récolte, année commune, environ 70 à 90 tonneaux.

600 à 700 T.ˣ de vin --- 8 l. 1/2 de Bordeaux.

NOMS DES PROPRIÉTAIRES.

ANCIENS.	NOUVEAUX.	TONNEAUX.	
Latour.	Le C.te de la Palu.	70 à	90
Pichon.	Pichon-Longueville. .	100	120
Malecot..	Malecot.	50	60
Degaux.	Degère.	60	65
Desse.	Desse.	45	55
Pannellier.	Pannellier.	20	25
Ferchaud.	Ferchaud..	18	20
Lamestie.	Lamestie.	10	15
Divers petits pr.res.	. . . .		

PAUILLAC.

Cette commune est bordée au Nord, par celle de St.-Estèphe; à l'Est, par la Gironde; à l'Ouest, par la commune de St.-Sauveur; et au Midi, par celle de St.-Julien. Elle est non-seulement renommée par la bonne qualité de son vin, mais encore par sa quantité et par son port, qui facilite aux propriétaires le transport de leurs vins à Bordeaux. C'est devant cette petite ville que les navires sont obligés de s'arrêter en partant de Bordeaux ou en y arrivant. Pauillac est situé à moitié chemin de la tour de Cordouan à Bordeaux. Le vin que fournit cette commune est plein de bouquet et de moëlle. On y récolte ce vin célèbre, connu sous le nom de *Château-Lafitte*, qui, s'il a quelques riveaux, n'est surpassé par aucun d'eux : ses qualités sont trop connues pour en faire l'énumération. On y recueille, récolte moyenne, 100 tonneaux de premier vin et 20 à 30 de second. Il se consomme presque tout en Angleterre. Les Anglais achettent ordinairement aussi tous les autres premiers crûs de cette commune.

2650 Hab. — 3500 à 4000 T.ˣ de vin — 9 l. de Bordeaux.

NOMS DES PROPRIÉTAIRES.

ANCIENS.	NOUVEAUX.	TONNEAUX.	
Le Château Lafitte.	Scott.	120 à	150
Mouton.	Branne.	120	140
Canet.	Pontet.	150	200
Dinac, St-Guirens.	Lacoste (Granpuy)	70	80
Ducasse.	Ducasse.	80	90
Lynch.	Lynch.	100	120
D'Armailhac. . . .	D'Armailhac. . . .	120	160
Mandavit.	Mandavit {Milon. .	20	50
	{Pauillac.	40	60
Croizet (veuve). .	Croizet (à Bage).	40	50
Battuilley.	Guestier.	60	80
Martial Constant. .	Constant.	70	90
Casteja.	Casteja.	45	60
Grassi.	Duhar.	20	30
Martin.	Martin (à Bage).	20	30
Croizet.	Croizet.	10	20
Pedesclaux.	Pedesclaux.	20	25
Duclair.	Cholet.	15	25
Duclair.	Daribaux.	20	30
Fraigneau.	Lacoste.	70	80
N.	Lacaussade.	30	35
Audinet, Mondeguerre	Bayle.	20	30
Divers petits pr.ᵗᵒˢ.	. . . .		

SAINT-ESTÈPHE.

Le marais de Lafitte sépare Pauillac de cette commune. Elle est limitée au Nord, par celle de St.-Seurin de Cadourne; à l'Est, par la Gironde; au Sud, par la commune de Pauillac; et à l'Ouest, par celle de Verteuil.

Le territoire de St.-Estèphe, produit une grande quantité de vin et d'une qualité tout-à-fait différente que celle des autres; ils sont légers, agréables, aromatisés et peuvent être mis en bouteilles au bout de trois ans.

1830 Hab. — 4500 à 5000 T.ˣ de vin — 10 l. de Bordeaux.

NOMS DES PROPRIÉTAIRES.

ANCIENS.	NOUVEAUX.	TONNEAUX.	
Cos.	Destournel.	60 à	70
Segur (de).. . . .	Dumoulin.	120	160
Tronquoy.	Tronquoy.	80	100
Mercier Terrefort.	Delaveau.	100	140
Morin (de). . . .	Morin (de). . . .	80	120
Lafon Rochet. . .	Lafon Camarsac (veuve).	30	40
Defumel.	Tarteyron.	80	100
Les Feuillans.. . .	Luëtkens..	150	200
Mariot.	Bernard.	80	90
Arbouet.	Mad.ᵐᵉ Arbouet. .	20	30
Gaston.	Labory.	70	90
Pomis..	Destournel.. . . .	70	80
Merman.	Merman.	80	100
Domenger.	⎰Campet..	20	30
	⎱Plaignard.	40	45
Fatin.	Fatin.	18	20
	⎧Fatin.	15	20
Crû de Fatin.. . .	⎨Chambert.	20	25
	⎩Euillot.	40	60
Cazeau.	Cazeau.	70	80
Forthon.	Forthon.	40	50

11

Noms des Propriétaires. (Suite des)

ANCIENS.	NOUVEAUX.	TONNEAUX.	
Capbern.	Capbern.	60 à	70
Mercier Terrefort.	Phelan.	200	250
Arbouet.	Arbouet.	30	40
Superville aîné. . .	Coudol.		
Maspérier.	Moulinier.	50	60
Penicaud.	Lattaderose.	100	110
Superville jeune. .	Bonie.	50	60
L'abbé Fournier. .	Lafitte.	80	100
Pinet.	Casteja (veuve). .	30	40
Barre.	Barre.	60	70
Comes.	D.lles Comes. . . .	25	40
Labertère.	Andron.	20	25
Divers petits pr.res.	. . . .		

SAINT-SEURIN DE CADOURNE.

Il faut aussi traverser le marais de St.-Courbun, pour arriver à St.-Seurin de Cadourne. Cette commune est limitée au Nord par celles d'Ordonnac et de St-Yzans; à l'Est, par la Gironde; au Sud, par la commune de St.-Estèphe; et à l'Ouest, par celles de St.-Germain et de Potensac.

Les vins qu'elle fournit n'ont ni le bouquet, ni le corps de ceux des meilleures communes du Médoc; mais ils sont pourvus de moëlle et d'une belle couleur. On trouve une grande inégalité dans les qualités de ces vins, parce qu'il y a une grande différence dans le terrain; celui qui est situé le long de la rivière est pierreux, et celui qui borde le marais, de terre forte :

. conçoit que ce dernier produit des vins b
plus communs que le premier.

1087 Hab. -- 3000 à 3500 T.x de vin -- 10 l. 1/2 de Bord.x

NOMS DES PROPRIÉTAIRES.

ANCIENS.	NOUVEAUX.	TONNEAUX.	
Ademar et Saujein	Bacon.	200	à 225
Brochon.	Andron fils.	100	120
M.me Charmail . .	Louvet.	25	30
	Bonneau.	25	30
Deroly.	Darboucave. . . .	25	30
Lamothe.	Alaret.	40	50
Grandis.	Grandis.	40	50
Brannes.	Cabarrus.	100	120
Roudey et Ducasse	Tronquoy.	30	40
Laumonier.	Laumonier.	30	40
	Idem Fisson. . .	30	40
Verthamon.	Andron père. . . .	100	120
Le P. Basterot. . .	Curcier.	100	120
Bonnet - Degrange.	Daux.	70	80
Cadusseau.	Cadusseau.		
Ferrussac.	Josset de Pomiés.	40	50
Mouras.	Mouras.	30	40
Pinac.	Pinac (veuve.) . .		
Bilhaut.	Seilhean.	20	25
Cazanave.	Charron.		
Chevalier Figerou.	Billonneau.		
Lalo.	Lalo.	20	25
Figerou (Chique).	Geraude Figerou.		
Gérôme Figerou. .	Gérôme.	50	60
Figerou mini. . . .	Figerou mini jeune.	30	25
Idem.	Idem aîné. . . .	20	25
Figerou de Marque	Figerou de Pabeau.	50	60
Brion.	Brion (veuve). . .	20	25
Roustaing.	Roustaing.	20	25

NOMS DES PROPRIÉTAIRES. (Suite des)

ANCIENS.	NOUVEAUX.	TONNEAUX.	
Roustaing.	Roustaing (veuve).		
Roustaing.	Morange Roustaing.	15 à	20
Cottard.	Lussan.	30	40
Figerou de Leyre.	Figerou Figuille. .		
Figerou.	Figerou chichay. .		
Idem.	dem (Jean). . .		
Idem, de Leyre.	Idem cadiche. .		
Cent petits prop.ʳᵉˢ	. . . .		

SAINT-LAURENT.

A la fin de la description de l'arrondissement de Lesparre, j'ai observé que toute cette partie du département de la Gironde était appelée *Bas-Médoc*, à l'exception de huit communes. En partant de la paroisse de Sainte-Gemme, et en descendant la rive gauche de la Gironde, on rencontre les communes de Saint-Julien, de Pauillac, de Saint-Estèphe et de Saint-Seurin de Cadourne, où finit le *Haut-Médoc*. A présent je vais décrire les communes de cet arrondissement qui se trouvent sur le derrière de celles ci-dessus mentionnées et qui sont également réputées Haut-Médoc.

La commune de Saint-Laurent confine au Levant à celle de Saint-Julien ; au Nord, à l'arrondissement de Bordeaux ; au Midi, à la commune de Saint-Sauveur ; et au Couchant, à des landes. Saint-Laurent produit de très-bons vins qui ont plus de corps et de fermeté que ceux de Saint-Sauveur, de Cissac et de Verteuil ; mais ils parviennent un peu tard à leur maturité.

2500 Hab. — 1500 à 2000 T.ˣ de vin — 8 l. de Bord.ˣ

Noms des Propriétaires.

ANCIENS.	NOUVEAUX.	TONNEAUX.	
Luëtkens	Luëtkens (veuve).	100 à	120
Pontet.	De la Rose.	90	110
Coutanceau.	Coutanceau (veuve)	20	30
Popp.	Popp.	30	40
Molinié (veuve).	Piek..	50	60
Luëtkens.	Van Dœhrem.	100	120
Duroi (veuve).	Guillot de Suduirot.	45	55
Mandavy.	Mandavy.	30	40
Hosten.	Hosten.	30	40
Maurin.	Lahens.	45	55
Bichon.	Bichon.	30	40
Brisson.	Lalo.	12	15
Madéran	Madéran (les h[ers]).	50	60
Couguilhe.	Cougouilhe.	15	20
Viaut frères.	Viaut frères.	15	20
Duclerc..	Graves.	15	20
Graves.	Graves (les h[ers].)	15	20
Maney	Guilhem.	15	20
Divers petits pr.[res].			

SAINT-SAUVEUR.

La commune de Saint-Sauveur est bordée à l'Ouest par des Landes; au Sud, par la commune de St.-Laurent; à l'Est, par celle de Pauillac; et au Nord, par celle de Cissac. Les vins qu'elle produit ressemblent à ceux de Cissac, ayant néanmoins plus d'agrément et de finesse; cette supériorité s'explique par la nature du terrain qui est plus graveleux que celui de Cissac.

675 Hab. — 400 à 600 T.[x] de vin — 9 l. de Bordeaux.

Noms des Propriétaires.

ANCIENS.	NOUVEAUX.	TONNEAUX.	
Varé.	Cavaignac.	75 à	100
Saige ou Tourtereau. .	Ducasse.	40	50
Varé.	Badimon.	20	25
Carteau.	Lynch.	20	30
Beaumont.	Danglade.	80	100
Dupont.	Berthe.	12	15
Rougey père . . .	Rougey.	12	15
N.	Teynac.	12	15
N.	Laborde jeune. . .	12	15
N.	Gaillard jeune. . .	5	6
N.	Mancy.	4	5
N.	Bernard.	3	5
N.	Balle.	4	5
N.	Gasqueton.	5	6
N.	Delisle.	4	5
N.	Seurin.	6	8
Divers petits pr.tes	. . . .	100	125

CISSAC.

Cette commune confine au Nord à celle de Verteuil; au Levant, à celle de Saint-Estèphe; au Midi, à celle de Saint-Sauveur; et au Couchant, à des landes. Elle fournit des vins qui sont à-peu-près de la même qualité que ceux de Saint-Sauveur; ils ont cependant un peu plus de corps et de couleur.

850 Hab. -- 800 à 1000 T.x de vin. -- 9 l. 1/2 de Bordeaux.

Noms des Propriétaires.

ANCIENS.	NOUVEAUX.	TONNEAUX.	
Le chât. Dubreuil.	Josset de Pommiers. .	80 à	100
Larriveaux.	Parroy (de). . . .	80	100
Duchileau.	Garrigoux.	75	90
Dumousseau. . . .	Dumousseau. . . .	45	55
Abiet.	Martiny.	40	60
Idem.	Abiet (veuve). . .	20	25
Damas.	Aubec.	10	20
Lacaussade.	Lacaussade.	30	40
Courrejeolles. . . .	Monneins.		
Diviers petits pr^res.	. . . .		

VERTEUIL.

Cette commune, la dernière de celles réputées *Haut-Médoc*, est limitée au Nord, par celle de Saint-Germain; à l'Est, par celle de Saint-Estèphe; au Sud, par celle de Cissac; et à l'Ouest, par les dépendances de Secondignac. Les vins de Verteuil sont moëlleux et bien colorés : on les expédie ordinairement en Hollande et dans les autres parties du Nord, où ils trouvent un débouché facile.

915 Hab. — 500 à 700 T.^x de vin — 10 l. de Bordeaux.

Noms des Propriétaires.

ANCIENS.	NOUVEAUX.	TONNEAUX.	
Camiran (de). . .	Camiran (de). . .	60 à	80
L'abbaye.	Skiner.	50	60
Luëtkens.	Bonfils.	25	35
Gorrand.	Plaignard.	55	70

Noms des Propriétaires. (Suite des)

ANCIENS.	NOUVEAUX.	TONNEAUX.	
Lassalle.	Mad.ᵐᵉ Lafon . .	3o à	4o
Lacaussade.	Padouche.	15	20
Clémenceau. . . .	Bernard.	4o	6o
Aubec.	Aubec.	15	20
Couerbe.	Couerbe.	20	25
Pathy (de). . . .	Chatard.	10	20
N.	Lussac.	20	4o
Blanchard.	Blanchard.		
Desés.	Desés.		
Divers petits prᵗᵉˢ.	. . . .	100	15o

Les communes qui viennent après St.-Seurin de Cadourne et Verteuil, sont réputées *Bas-Médoc*. En général les vins récoltés dans cette partie du Médoc, sont bien inférieurs à ceux recueillis dans le Haut-Médoc ; ils ont pour la plupart le goût de terroir ; mais bien choisis et d'une année où la température a été favorable à la vigne, ils sont très-propres pour être expédiés à l'étranger et ils deviennent agréables en vieillissant.

SAINT-GERMAIN.

1225 Hab. — 550 à 650 T.ˣ de vin. — 11 l. de Bordeaux.

NOMS DES PROPRIÉTAIRES

récoltant au-delà de cinq tonneaux.

B.ᵒⁿ de Lacsan. .	180 à 200	Dufort.		6 à	8
M.ᵐᵉ Verthamon. .	40	50	Girardeau. . . .	6	8
Charron.	80	90	Gombaut.. . . .	6	8
Caussan.	10	15	Delisle.	8	10
Tripouta.	10	15	Fressauges. . . .	20	25
Riccas (P.ʳᵉ) . .	6	8	Divers p. pr.ʳᵉˢ. .	250	300

LESPARRE.

200 à 300 Tonneaux de vin. — 12 l. de Bordeaux.

NOMS DES PROPRIÉTAIRES

récoltant au-delà de cinq tonneaux.

Dumas.	30 à	40	Hugoneing. . . .	8 à	12
Marcou (veuve).	15	20	Moncins cadet..	8	12
Bouë(Grégoire).	10	15	Garitey.	8	12
Fraiche	10	15	Lomond (veuve). .	8	10
Roux.	10	12	M.ˡˡᵉ Ancre. . . .	7	10
Coiffard (Elies).	10	12	Divers p. pr.ʳᵉˢ. .	50	80

SAINT-TRELODY.

1500 Hab. — 450 à 530 T.ˣ de vin. — 12 l. de Bordeaux.

NOMS DES PROPRIÉTAIRES

récoltant au-delà de cinq tonneaux.

Coiffard.	80 à 100	Bassuet (veuve).		15 à	20
Lousteau.	50	60	Dumas.	80	100
Mottes (P.ʳᵉ).. .	15	20	Roux (Jacq.ᵉˢ). .	10	15
Faillan (B.ᵃʳᵈ). .	10	15	Divers p. pr.ʳᵉˢ. .	200	250

POTENSAC.

5oo à 35o Tonneaux de vin. -- 12 l. de Bordeaux.

Noms des Propriétaires

récoltant au-delà de dix tonneaux.

Desvernines . .	3o à	5o	Broquena. . . .	3o à	4o
Jeanti.	3o	4o	Moynet.	20	25
Figerou.	3o	4o	Bourg.	15	20
Constan.	3o	4o	Divers p. pr.res . .	15o	18o

BLAIGNAN.

4oo Hab. -- 45o à 5oo T.x de vin. -- 12 l. de Bordeaux.

Noms des Propriétaires

récoltant au-delà de cinq tonneaux.

Gorse et Peychaud.	18o à 200		Meynieu aîné. .	6 à	8
Seguin.	4o	45	Constant. . . .	3o	35
Basterot. . . .	7o	8o	Perié.	10	12
Potié.	25	3o	Simon.	6	8
Seguin.	8	10	Moreau.	10	12
Dégrange (veuv)	20	25	Prébosteau. . . .	8	10
Berdot.	6	8	Divers p. pr.res . .	7o	8o

UCH.

1oo à 15o Tonneaux de vin. -- 12 l. de Bordeaux.

Noms des Propriétaires

récoltant au-delà de dix tonneaux.

Constant.	3o à	4o	L'abbé Vidal. . .	15 à	20
Charron.	3o	4o	Divers p. pr.res.	3o	5o
Scers.	15	20			

PRIGNAC.

335 Hab. — 150 à 180 T.ˣ de vin. — 12 l. 1/2 de Bordeaux.

Noms des Propriétaires
récoltant au-delà de dix tonneaux.

Meyer.	30 à	40	Charron.	30 à	40
Couteau.	15	20	Dubreuil (G.).	10	12
Couteau (veuve)	10	15	Divers p. pr.ᶜˢ	50	60

On comprend dans la quantité de vin, récolté dans cette commune, un tiers de vin blanc.

SAINT-CHRISTOLY ET COUQUEQUES.

700 Hab. — 1000 à 1200 T.ˣ de vin. — 12 l. 1/2 de Bord.ˣ

Noms des Propriétaires
récoltant au-delà de dix tonneaux.

Magnol.	80 à	100	Duperier.	15 à	20
Seguin.	50	60	M.ᵉ Vertahmon.	20	25
Desse.	50	60	Lussac (h.ᵉʳˢ).	10	15
Copmartin.	40	60	Drouineau.	10	15
Madey (h.ᵉʳˢ).	10	12	Emplevies.	10	12
Servant frères.	30	40	Dumas aîné.	15	20
Lambert (h.ᵉʳˢ).	25	30	Lafaye fils.	10	15
Marcial.	30	40	Divers p. pr.ʳᵉˢ	500	600

CIVRAC.

800 — Hab. 200 à 250 T.ˣ de vin. — 13 l. de Bordeaux.

Noms des Propriétaires
récoltant au-delà de dix tonneaux.

Pepin d'Escurac.	60 à	70	Figerou (A.ᵈʳᵉ).	15 à	20
Le C.ᵗᵉ de Segur.	60	70	Divers p. pr.ʳᵉˢ	50	60
Daux (veuve).	20	30	Vins blancs.	150	160
Taffart.	15	20			

BEGADAN.

1200 Hab. — 400 à 500 T.ˣ de vin. — 13 l. de Bordeaux.

Noms des Propriétaires

récoltant au-delà de dix tonneaux.

Villeminot. . . .	80 à 100		Lussac (h.ᵉʳˢ). .	20 à 30	
Daux.	30	40	Labat.	12	15
Delignac. . . .	50	60	Lussac (Jean). .	12	15
Lussac.	50	60	Seguin.	12	15
Lambert. . . .	20	30	Divers p. pr.ʳᵉˢ. .	80	100
Liquart (h.ᵉʳˢ). .	20	30			

GAILLAN.

2330 Hab. — 150 à 250 T.ˣ de vin. — 12 l. 1/4 de Bord.ˣ

Noms des Propriétaires

récoltant au-delà de dix tonneaux.

Lussac (les h.ᵉʳˢ).	20 à 25		Lussac (Aug). .	20 à 25	
Couronneau (*id*)	12	15	Monneins (P.ʳᵉ).	12	15
Moutardies (*id*).	20	25	Divers p. pr.ʳᵉˢ.	40	50
Paul aîné. . . .	10	12			

QUEYRAC.

2100 Hab. — 200 à 300 T.ˣ de vin. — 13 l. de Bordeaux.

Noms des Propriétaires

récoltant au-delà de dix tonneaux.

Montoroy. . . .	70 à 90		Allard.	15 à 20	
Duboi (veuve). .	20	30	Bedel aîné. . . .	10	15
Carles.	15	25	Divers p. pr.ʳᵉˢ. .	40	50

VALEYRAC.

482 Hab. — 350 à 500 T.ˣ de vin. — 14 l. de Bordeaux.

NOMS DES PROPRIÉTAIRES

récoltant au-delà de dix tonneaux.

Bedel.	40 à	50	Gaillard (Pierre)	20 à	30
Lussac.	40	50	Bert.	20	30
Chauvelet. . . .	30	40	Bournac.	15	20
Pepin.	20	30	Rousseau.. . . .	10	12
Boussie.	20	30	Divers p. pr.ʳᵉˢ. .	100	150
Gaillard Petiton.	20	30			

JAU.

250 à 300 Tonneaux de vin. — 15 l. de Bordeaux.

NOMS DES PROPRIÉTAIRES

récoltant au-delà de dix tonneaux.

Bedel (Michel).	30 à	40	Chiche.	12 à	15
Desgardies. . . .	25	30	Dubosq.	10	12
Bert (Raymond)	20	30	Dufau.	10	12
Coiffard (h.ᵉʳˢ).	18	20	Bert père. . . .	10	12
Fauchay (veuv.)	16	20	Bert fils.	10	12
Figerou.	12	15	Divers p. p.ʳᵉˢ. .	50	80

SAINT-VIVIEN.

752 Hab. — 80 à 100 T.ˣ de vin. — 15 l. de Bordeaux.

NOMS DES PROPRIÉTAIRES

récoltant au-delà de dix tonneaux.

Maurin frères. .	20 à	30	Divers p. pr.ʳᵉˢ.	20 à 25
M.ᵐᵉ St.-Marcel.	20	25		

CHAPITRE IX.

Récapitulation de la quantité de vin qui se recueille, récolte moyenne, dans tout le Médoc. — Noms des propriétaires de vignoble du Médoc, à l'exception de ceux ne récoltant qu'une petite quantité de vin. — Classification des premiers, seconds, troisièmes et quatrièmes crûs du Médoc. — Classification générale des vins rouges de France.

RÉCAPITULATION DE LA QUANTITÉ DE VIN QUI SE RECUEILLE, RÉCOLTE MOYENNE, DANS TOUT LE MÉDOC.

HAUT-MÉDOC.

Commune de Blanquefort.		1000	à	1200 tonneaux.
»	Ludon. . . .	350		500
»	Macau. . . .	2700		2800
»	La Barde. .	250		400
»	Cantenac. . .	1000		1200
»	Margaux. . .	1000		1200
»	Soussan. . .	800		1000
»	Arcins. . . .	400		500
»	La Marque. .	700		800
»	Cussac. . . .	300		400
»	St.-Julien. .	1000		1500
Paroisse	St.-Lambert.	600		700
Commune	Pauillac. . .	3500		4000
»	St.-Estèphe..	4500		5000
»	St.-Seurin. .	3000		3500

Ensemble. 21,100 à 24,700 tonneaux.

LE DERRIÈRE DU HAUT-MÉDOC.

Commune du Taillan. . . .	800	à 1000	tonneaux.
» Pian..	300	400	
» Arsac.. . . .	200	300	
» Castelnau.. .	300	400	
» Avensan. . .	100	150	
» Moulis. . . .	400	500	
» Listrac . . .	600	800	
» St.-Laurent..	1500	2000	
» St.-Sauveur..	400	600	
» Cissac.. . . .	800	1000	
» Verteuil. . .	500	700	
Ensemble.	5900	à 7850	tonneaux.

BAS-MÉDOC.

Commune de St.-Germain.	550	à 650	tonneaux.
» Lesparre. . .	200	300	
» St.-Trelody..	450	530	
» Potensac. . .	300	350	
» Blaignan. . .	450	500	
» Uch..	100	150	
» Prignac.. . .	150	180	
» St.-Christoly.	1000	1200	
» Civrac. . . .	200	250	
» Begadan. . .	400	500	
» Gaillan. . . .	150	250	
» Queyrac. . .	200	300	
» Valeyrac. . .	350	400	
» Jau	250	300	
» St.-Vivien. .	80	100	
Ensemble.	4810	à 5960	tonneaux.

TOTAL.

Haut-Médoc.	21,100 à 24,700 tonneaux.
Derrière-Médoc	5,900	7,850
Bas-Médoc.	4,810	5,960

Ensemble. 31,810 à 38,510 tonneaux.

Plusieurs vignobles du Médoc, dont je n'ai pas fait mention, peuvent produire 2000 à 3000 tonneaux de vin ordinaire et de vin commun, qui sert à la consommation des habitans et s'exporte rarement à l'étranger.

NOMS

Des propriétaires de vignobles du Médoc, à l'exception de ceux ne récoltant qu'une petite quantité de vin.

(Les numéro qui suivent, désignent la page de la commune où se trouvent classés les noms des propriétaires.)

A.

D'Abadie, à St-Julien. 125.
Abiet, à Cantenac. . . 99.
Abiet, à Cissac. . . . 135.
Abiet, à Macau. . . . 97.
Achart, à Blanquefort. 93.
Alaret, à St-Seurin. . 131.
Allard, à Queyrac. . . 140.
Ancre. à Lesparre. . . 137.
Andraut, à Ludon. . 96.
Andron, à St-Estèphe. 130.
Andron, à St-Seurin. 131.
Andron père, *idem.* . *Ib.*

Angaud, à Ludon. . . 95.
Anglade, à Margaux. 101.
Angludet, Arsac. . . 107.
Aquart, à Blanquefort 94.
Aquart, *idem.* . . . . *Ib.*
Arbouet, à S-Estèphe. 129.
Arbouet, *idem.* . . . 130.
Armailhac, à Pauillac. 128.
Arnauld, à Arcins. . . 103.
Aubec, à Cissac. . . . 135.
Aubec, à Verteuil. . . 136.

B.

Bacalan (de), à Ludon 95.
Bacalan (de) au Pian, 107.
Bachelot, à Arsac. . . *Ib.*
Bacon, à St-Seurin. . 131.
Badimon, à St.-Sauv. 134.
Badin, à Blanquefort. 93.
Balguerie, à St-Julien. 126.
Balle, à St-Sauveur. . 134.
Baour, au Pian. . . . 106.

Barada, à Blanquefort 94.
Barincou, *idem.* . . . 95.
Barre, à St-Estèphe. . 130.
Barthes, au Pian. . . 106.
Barthelot, à Ludon. . 95.
Barton, à St-Julien. . 125.
Berton, *idem.* . . . . 126.
Bassuet, à St-Trelody. 137.
Basterot, à Blaignan . 138.

C.

D.

E.

F.

G.

H.

J.

K.

L.

M.

P.

R.

S.

CLASSIFICATION DES PREMIERS, SECONDS, TROISIÈMES ET QUATRIÈMES CRUS DU MÉDOC.

Suite des quatrièmes crûs.

CLASSIFICATION GÉNÉRALE DES VINS ROUGES DE FRANCE (1).

PREMIÈRE CLASSE.

Les vins qui composent cette classe se récoltent dans un petit nombre de crûs privilégiés, et dont la plupart ont une trop faible étendue, pour que leurs produits puissent suffire aux demandes des amateurs; c'est pourquoi le prix en est toujours très-élevé, sur-tout lorsqu'ils proviennent d'une année dont la température à été favorable à la vigne. Trois provinces se partagent ces vignobles célèbres : la *Bourgogne*, le *Bordelais* et le *Dauphiné*. Les vins qu'ils produisent réunissent dans de justes proportions toutes les qualités qui constituent les vins parfaits de leur espèce, et diffèrent entre eux par un caractère qui leur est particulier.

Les vins de Bourgogne se distinguent par la suavité de leur goût, leur finesse et leur arome spiritueux; ceux du Bordelais, par un bouquet très-prononcé, beaucoup de sève, de la force sans être fumeux, et une légère âpreté qui les caractérise; les vins du Dauphiné ont quelque chose de la nature de ceux du Bordelais, beaucoup de corps et une partie du moëlleux des vins de Bourgogne; ils sont aussi très-spiritueux.

Les premiers crûs de la Bourgogne, sont : la *Romanée-Conti*, le *Chambertin*, le *Richebourg*, le clos

---

(1) Extrait de la topographie de tous les vignobles connus; par A. Jullien.

Vougeot, la *Romanée-de-St-Vivant*, la *Tâche* et le clos *St-Georges*, département de la Côte-d'Or. On cite après eux, comme fournissant des vins supérieurs à ceux de la seconde classe, le clos de *Prémeau*, le *Musigni*, le clos du *Tart*, les *bonnes-Marres*, le clos à la *Roche*, les *Véroilles*, le clos *Morjot*, le clos *St-Jean* et la *Perrière*, même département.

Les meilleurs crûs du Bordelais, proviennent des clos dits de *Lafitte*, de *Latour*, du *Château-Margaux* et du *Haut-Brion*, département de la Gironde.

Les crûs nommés *Meal*, *Greffien*, *Bessac*, *Beaume* en *Raucoulé*, sur le territoire de l'Hermitage, département de la Drôme, sont les plus estimés de tous ceux du Dauphiné.

Remarques sur les vins mentionnés ci-dessus.

Les vins des crûs que je viens de nommer, se partagent les suffrages des amateurs; ceux du Bordelais sont plus recherchés en Angleterre et dans tous les pays où l'on ne peut transporter les vins de France que par mer; ceux de Bourgogne sont préférés en France et dans une partie de l'Allemagne; les vins de l'Hermitage plaisent à tous les connaisseurs; mais on n'en récolte pas en assez grande quantité pour qu'ils puissent être généralement connus.

DEUXIÈME CLASSE.

La plupart des vins dont je vais parler diffèrent peu de ceux de la première classe, et les remplacent ordinairement dans le commerce. On les récolte sur le ter-

ritoire de huit provinces. J'ai indiqué plus haut le caractère et les qualités des vins de Bourgogne, du Bordelais
et du Dauphiné; ceux de la Champagne ont beaucoup
de délicatesse, de soyeux et de finesse; ils portent assez
promptement à la tête, mais leur fumée se dissipe presque aussitôt, et ils sont en général très-salubres. Les vins
du Lyonnais diffèrent de ceux du Dauphiné par un peu
moins de corps, plus de légèreté et de vivacité; ceux du
Comtat d'Avignon ont beaucoup de feu, de finesse et
d'agrément; ceux du Béarn sont corsés, spiritueux et
moëlleux. Les vins du Roussillon ont plus de couleur, de
force et de spiritueux, mais moins de finesse et de bouquet. Voici les crûs qui produisent ces différens vins :

En Champagne : *Verry, Verzenay, Mailly, Saint-
Basle, Bouzy* et le clos de *Saint-Thierry*, département de la Marne.

En Bourgogne : le crû dit *Corton*, à Alox, plusieurs
de ceux de *Vosne, Nuits, Volnay, Pomard, Beau-
ne, Chambolle, Morey, Savigny* et *Meursault*, département de la Côte-d'Or, les côtes des *Olivotes*, de
Pitoy, de *Perrière* et des *Préaux*, à Tonnerre; les
clos de la *Chainette* et de *Migrenne*, à Auxerre, département de l'Yonne; et enfin le *Moulin-à-Vent*,
les Torins et *Chénas*, dans le Beaujolais et le Mâcon-
nais, département de la Saône et Loire.

Dans le Dauphiné, les vins de *Tain* et de l'*Etoile*,
département de la Drôme.

Dans le Lyonnais, *la Côte-Rôtie*, département du
Rhône.

Dans le Bordelais, les clos *Rozan, Gorse, Leoville*,

la Rose, *Mouton*, *Pichon-Longueville* et *Calon*, département de la Gironde.

Le Comtat d'Avignon n'a que le *Coteau-Brûlé* à présenter dans cette classe.

Le Béarn, les vins du *Jurançon* et de *Gan*, département des Basses-Pyrénées.

Le Roussillon, *Colliourne*, *Bagnols* et *Cosperon*, département des Pyrénées-Orientales.

ERRATA.

Pag. 51, lig. 28, lisez: *superflues*, au lieu de *superflus*.

Pag. 76, lig. 25, lisez : 5 *barriques*, au lieu de 3 *barriques*.

Pag. 92, lig. 26, lisez : 750 *à* 900, au lieu de 550 *à* 500.

Pag. 108, lig. 13, *Rejaumont* est l'ancien propriétaire, et M. *Lamalétie* est le nouveau.

Note du 1.ᵉʳ tableau, 2.ᵉ colonne, 1.ʳᵉ ligne, lisez : 22 *à* 26 *écus le tonn.*, au lieu de 22 *écus à* 26 *liv. le tonn.*

Première note du 5.ᵉ tableau, 2.ᵉ ligne, lisez: *faits*, au lieu de *faites*.

TABLE DES CHAPITRES

CONTENUS

DANS CE TRAITÉ.

(164)

FIN DE LA TABLE.

PRIX DES VINS ROUGES SUR LIE (1).

VINS DE	1782.	1783.	1784.	1785.	1786.	1787.	1788.
Saint-Macaire et Blaye......	180 à 200	200 à 220	150 à 170	120 à 150	180 à 200	140 à 150	150 à 170
Côtes et Bourg.............	200 250	250 280	180 200	150 160	200 300	170 180	180 210
Palus...................	250 300	300 330	200 220	180 200	300 350	180 200	180 250
Montferrant................	300 320	400 430	240 260	220 270	340 350	210 250	300 400
Queyries................	350 420	500 530	320 350	250 280	430 450	280 300	400 500
Saint-Emilion..............	250 300	300 350	210 270	150 200	300 350	180 240	180 300
Petits Médoc (paysans).....	200 250	250 300	200 250	150 180	240 280	200 300	220 250
Médoc ordinaire (bourgeois).	300 350	360 400	250 350	200 300	340 350	300 350	280 400
—— bons bourgeois......	450 600	500 600	400 450	350 450	480 500	480 500	420 460
5.es et 4.es crûs..........	600 700	600 700	600 700	480 600	600 600	500 550	500 650
3.es dito.	700 850	800 1000	700 850	600 700	800 900	600 700	700 800
2.es dito................	1000 1200	1000 1200	1000 1100	800 950	1000 1200	800 900	700 800
1.ers dito.	1400 1500	—— 1350	—— 1250	1000 1100	—— 1300	1000 1400	—— 1420

(1) DISCOURS INTITULÉ :

Importante nécessité de mettre prix aux vins de la province de Guyenne et pays Bordelais, à Bordeaux, le 2 Octobre 1647.

(A la suite de ce discours est une taxe sur les vins, *intitulée* : Extrait du résultat et délibération prise dans l'assemblée tenue dans l'Hôtel-de-Ville, le 27 Octobre 1647 ; touchant les prix mis aux vins de la Sénéchaussée et pays Bordelais pour l'année présente.

N.os 1. Graves et Médoc.............. 26 écus à 100 liv. le tonn.
  2. Entre-deux-Mers............... 20 —— 25 écus. ——
  3. Côtes. .... 24 —— 28 —— ——
  4. Palus................... 30 —— 35 —— ——
  5. Libourne, Fronsadais, Guitre et Coutras. .... 18 —— 22 —— ——

N.os 6. Bourg.................... 22 écus à 26 liv. le tonn.
  7. Blaye.................... 18 —— 24 ——
  8. St-Macaire et juridiction d'icelle 24 —— 30 ——
  9. Langon, Boumes et Sauterne... 28 —— 35 ——
  10. Barsac, Prignac, Pujols et Fargues.................... 28 —— 100 liv. ——
  11. Serons et Podensac............ 24 —— 30 écus. ——
  12. Castres et Portets............. 20 —— 25 —— ——
  13. Saint-Emilion.............. 22 —— 26 —— ——
  14. Castillon.................. 20 —— 22 —— ——
  15. Rioms et Cadillac............ 24 —— 28 —— ——
  16. Sainte-Croix-du-Mont......... 24 —— 30 —— ——
  17. Bénauges.................. 18 —— 20 ——

Oui le procureur-syndic, est ordonné que lesdits prix des vins seront

PRIX DES VINS ROUGES SUR LIE.

VINS DE	1789.		1790.		1791.		1792.		1793 et 1794.		1795.		1796.	
Saint-Macaire et Blaye	180	à 200	280	à 300	262	à 277	220	à 241					270	à 290
Côtes et Bourg	200	210	320	340	262	292	248	276					260	290
Palus	220	250	350	450	277	328	276	310					300	330
Montferrant	250	280	450	500	365	401	310	345					400	420
Queyries	280	320	550	650	438	511	379	414					450	500
Saint-Emilion	220	250	350	400	328	438	248	310					330	400
Petits Médoc (bourgeois)	200	250	380	400	328	365	227	276					300	350
Médoc ordinaire (bourgeois)	350	400	450	550	504	570	310	345					380	450
—— bons bourgeois	450	480	700	900	671	730	414	483			600	à 650	600	700
5.es et 4.es crûs	500	600	900	1000	730	876	483	552			800	1000	700	750
3.es dito	600	700	1000	1200	876	1022	552	621			1000	1600	800	1000
2.es dito	800	900	1500	2000	949	1460	690	828					1200	1400
1.ers dito	1000	1200	——	2200	1752	1898	1035	1104					1500	1600

observés et suivis tant par les vendeurs que par les acheteurs, avec inhibitions et défenses d'y contrevenir, sous peine contre les acheteurs, soit courtiers, commissaires flamands et anglais, ou autres marchands achettant des vins, d'être tenus de parfournir le juste prix, et condamnés en amende arbitraire applicable le tiers au dénonciateur et les deux tiers à la subvention des hôpitaux, et sera la présente ordonnance lue et publiée par les cantons et carrefours et lieux accoutumés, afin que nul n'en prétende cause d'ignorance. Fait et extrait par moy Jurat-Commis.

Signé, LE BARRIÈRE, *Jurat-Commis.*

Le dernier jour d'Octobre 1647, le susdit résultat a été lu et publié au son de trompette par tous les cantons et carrefours de la présente ville, et ce aux fins que nul n'en prétende faute d'ignorance. Fait par moy.

Signé, DENETHOL, *Huissier.*

PRIX DES VINS ROUGES dans les bonnes années de 1745, etc.

MARGAUX ET CANTÉNAC.

Premier crû, le Château, *de* 1500 à 1800 liv. *le tonneau.*

Seconds crûs, de 1000 à 1300 liv.

Rosan aîné.	Lascombe.	Plassan.	Le Doux.
Rosan, officier.	Candaille.	Bernard.	Dueassé.
Mad.me Gassic.	Dessenard.	Prieur de Cant.e	De Gasc.
Durfort.	Gorse.		

Troisièmes crûs, de 600 à 1000 liv.   *Quatrièmes crûs*, de 400 à 600 liv.

Mercié.	Joyeux.	Marcadier.	Cornes.
Malescot.	Bretonneau.	Latour-Dumon.	D.lles Dengludet
Darshe.	Lacolonie.	Barbot.	Roux.
		Arnebody.	Benoît.
		Desmirail.	

PRIX DES VINS ROUGES SUR LIE.

VINS DE	1797.	1798.	1799.	1800.	1801.	1802.	1803.
Saint-Macaire et Blaye		230 à 240	150 à 160	160 à 180	370 à 400	230 à 250	180 à 210
Côtes et Bourg	300 à 400	250 270	160 180	170 200	400 480	270 280	220 240
Palus	430 460	260 300	190 220	250 300	450 460	270 280	230 260
Montferrant	480 520	325 350	250 260	300 330	550 600	300 350	230 260
Quèyries	550 600	350 450	300 310	300 330	550 600	340 360	250 260
Saint-Emilion	400 450	280 320	300 310	350 400	700 780	400 450	270 330
Petits Médoc (paysans)	400 450	310 400	200 240	250 300	500 550	280 350	230 260
Médoc ordinaires (bourgeois)	560 600	450 580	200 250	300 330	550 600	350 380	260 260
— bons bourgeois	650 750	600 700	340 360	420 450	780 850	400 480	260 280
5.es et 4.es crus	750 800	700 800	480 500	530 580	900 1000	450 550	400 480
3.es dits	900 1000	800 950	500 550	600 750	900 1200	500 650	600 650
2.es dito	1200 1500	1000 1200	600 700	800 900	1100 1200	600 700	700 750
1.ers dito	1800	1400 1500	800 1000	1000 1500	1300 1700	700 800	800 850
			1200 1600	1800 2000	2400 2500	900 1000	1000 1200
						2000 2400	1300 1400

LABARDE.

Premier crú, Giscour, de 400 à 600 liv. le tonneau.

Second crú, Dubosq, de 300 400

Troisièmes crús, de 200 300

| Drouillard. | Gallibert. | Luquins. | Bellegarde. |
| Faget. | Desplats. | Renac. | |

MACAU.

Premier crú, Villeneuve, à 300 liv. le tonneau.

Seconds crús, de 150 à 250 liv.

| Cambon. | Laronde. | Guilhem. | Guitard. |
| Lalane. | Lassus. | Bastares. | Roquette. |

SAINT-JULIEN.

Premier crú, Leoville, de 800 à 1000 liv. le tonneau.

Seconds crús, de 400 à 600 liv. Troisièmes crús, de 300 à 400 liv.

Gruau frères.	Brassier.	Pontet.	Tenat.
Bergeron.		Delage.	Duluc.
		Cluzange.	

SAINT-LAMBERT.

Premier crú, Latour, de 1500 à 1800 liv. le tonneau.

Second crú, Pichon-Longueville, de 400 500

PAUILLAC.

Premier crú, Lafitte, de 1500 à 1800 liv. le tonneau.

PRIX DES VINS ROUGES SUR LIE.

VINS DE	1804		1805		1806		1807		1808		1809		1810	
Saint-Macaire et Blaye.....	180 à	200	140 à	150	120 à	150	180 à	225	130 à	145	110 à	160	135 à	160
Côtes et Bourg...........	200	250	160	170	150	185	230	275	150	290	130	200	170	200
Palus.................	230	250	180	190	150	185	250	280	160	200	150	240	180	250
Montferrant............	240	270	200	210	200	210	300	350	210	220	200	250	200	220
Queyries..............	300	310	220	230	230	250	350	380	240	250	200	250	200	220
Saint-Emilion..........	260	280	240	250	240	250	280	300	160	200	130	200	180	250
Petits Médoc (bourgeois).	280	320	170	180	230	270	300	350	170	200	160	170	170	280
Médoc ordinaires (bourgeois).	350	400	220	260	300	310	500	600	240	280	200	220	220	230
—— bons bourgeois.	420	480	300	400	380	400	750	800	300	350	215	230	240	270
5.es et 4.es crus......	500	600	400	500	450	500	900	1000	380	400	250	300	280	350
3.es dito..........	700	800	500	550	550	600	1200	1500	400	500	300	350	350	400
2.es dito..........	1000	1200	600	650	650	700		2100	800	1000	300	450		
1.res dito..........	1500	1600	1200	1300	1000	1100		2400	1200	1500	400	450	500	600

Suite des vins de PAUILLAC.

Second crû, Brane-Mouton, de 400 à 600 liv. le tonneau.

Les autres................ de 200 500

SAINT-ESTÈPHE.

Premier crû, Segur-Callon, de 800 à 1000 liv. le tonneau.

Seconds crûs, 500 à 500 liv.

Tronquoy.
Joffret.
Peze.

Lacoste.
Feuillaus.
Daste et Basterot.

Troisièmes crûs, de 200 à 300 liv.

Mercier.
Lagrave.
Superville.

Ducasse.
Laffon.
Capdeville.

SAINT-SEURIN-DE-CADOURNE.

Premiers crûs, de 300 à 500 liv. le tonneau.

Bardis.

| Charmail. | Ademar. | Labat.

Les autres................ de 300 à 350 liv.

QUEYRIES, MONTFERRANT ET PALUS, de 200 à 350 liv. le tonn.

PRIX DES VINS ROUGES DE GRAVES en 1745, etc.

PESSAC.

Premier crû, Haut-Brion, de 1500 à 1800 liv. le tonneau.

PRIX DES VINS ROUGES SUR LIE.

VINS DE	1811.	1812.	1813.	1814.	1815.	1816.	1817.
Saint-Macaire et Blaye......	80 à 100	125 à 145	240 à 260	250 à 300	250 à 300		450 à 500
Côtes et Bourg..............	120 160	150 165	250 280	320 400	300 350		510 550
Palus.....................	100 150	170 180	290 310	350 420	320 350	300 à 350	500 550
Montferrant.................	170 200	200 220	310 320	500 600	350 400		600 620
Queyries...................	200 250	230 280	325 350	550 650	450 480		650 700
Saint-Emilion..............	100 180	170 200	300 320	350 500	350 450		600 650
Petits Médoc (paysans)......	120 160	180 250	300 310	450 600	320 380		550 600
Médoc ordinaires (bourgeois).	200 250	290 330	350 360	600 700	430 480	300 350	630 650
—— bons bourgeois......	300 380	360 400	400 500	800 1000	500 600		700 1000
5.es et 4.es crûs..........	400 420	400 500	550 650	1200 1500	600 1000	380 400	1200 1500
3.es dito..................	450 480	— —	— —	— —	2000 2100	— —	400 500	— —
2.es dito..................	500 550	— —	— —	— —	2300 2500	— —	450 500	— —
1.ers dito.................	— 800	— —	— —	— —	2600 3000	— —	— 500	— —

Suite des vins de PESSAC.

Seconds crûs, La Mission, Savignac, de 1200 à 1300 liv. *le tonneau.*

Troisièmes crûs, Mad.me Sabourin, de 800 à 1200
Giac, 500 800

Quatrièmes crûs, de 600 à 700 liv.

Blansac. | Cholet. | Guilleragne.

MÉRIGNAC.

Premier crû, Bouran, de 500 à 800 liv. *le tonneau.*

Seconds crûs, C. Imbert, Labrauche, de 500 à 650 liv.

Troisièmes crûs, de 400 à 600 liv.

Lemoine aîné. | Lemoine cadet. | Clark. | L'abbé Pelle.

CAUDERAN.

Premiers crûs, Roulleau, Monsejour, de 500 à 600 liv. *le tonneau.*

Seconds crûs, Ravesie, veuve Claris, de 300 à 350 liv.

Vins communs........................ 200 225

TAILLAN et BLANQUEFORT.

Vins ordinaires, pleins.............. de 200 à 350 liv. *le tonneau.*

LÉOIGNAN.

Vins moyens et moëlleux............. de 300 à 400 liv. *le tonneau.*

GRADIGNAN.

Petits vins, nets de goût................. de 200 à 300 liv. *le tonneau.*

Signé L. . . . .

PRIX DES VINS ROUGES SUR LIE.

VINS DE	1818.		1819.		1820.		1821.		1822.		1823.	
Saint-Macaire et Blaye......	240 à	260	150 à	180	300 à	310	210 à	230	160 à	200	140 à	160
Côtes et Bourg..............	300	400	200	270	310	320	230	270	220	320	150	200
Palus......................	330	350	220	250	350	400	250	300	200	300	180	200
Montferrant.	380	400	300	325	380	400	320	330	200	300	180	200
Queyries.....	450	500	350	400	450	400	320	330	300	400	200	225
Saint-Emilion.	350	450	380	500	450	520	350	380	420	500	260	280
Petits Médoc (bourgeois)....	450	480	280	320	380	450	380	450	400	500	200	320
Médoc ordinaires (bourgeois).	500	650	350	400	350	400	270	380	300	350	200	250
—— bons bourgeois.......	750	900	450	580	500	850	400	450	380	450	270	320
5.es et 4.es crûs.............	1000	1500	600	800	900	1000	500	550	500	660	400	500
3.es dito.................	1800	2100	—	—	1000	1400	600	750	800	1200	560	700
2.es dito.................	2500	2650	—	—	1500	1600	800	850	1300	1500	800	900
1.ers dito........	—	3350	—	—	2100	2200	—	—	2000	2100	1200	1300
									(1)	2500	1500	—

Voyez la deuxième note ci-dessous (2).

(1) Le contenu de la quittance suivante a surpris plusieurs personnes. Il offre, en effet, une comparaison assez piquante entre le prix du *vin de Château-Margaux* de 1722 et de celui de 1822.

J'ai reçu de M. Smith, la somme de six mille sept cent trente-deux livres neuf sols, en une lettre-de-change sur Paris de deux mille deux cent quarante-quatre écus neuf sols, et ce, à-compte de la somme de vingt-deux mille cinq cents livres, faisant le montant de neuf tonneaux du grand vin de M. le marquis Daulède, du Château de Margaux, des vendanges dernières, que je lui ai vendus et livrés à deux mille cinq cents livres le tonneau. Bordeaux, le quatre Janvier mil sept cent vingt-trois.

Signé, VESTON, *Agent de M.* Daulède

(2) Classification des récoltes suivantes : 1816 (la plus mauvaise)—1799 — 1809 — 1806 — 1817 — 1796 — 1797 — 1823 — 1813 — 1812 — 1810 — 1820 — 1808 — 1800 — 1821 — 1801 — 1804 — 1803 — 1818 — 1814 — 1822 — 1807 — 1819 — 1805 — 1815 — 1811 — 1802 — 1798 — 1795 (la meilleure de toutes ces récoltes).

Expéditions faites depuis le 20 Septembre 1802, jusqu'au 20 Septembre 1803.

NOMS DES VILLES.	NAVIRES.	VIN ROUGE.	VIN BLANC.	VINAIGRE.	EAU-DE-VIE.	MARCHANDIS.*
		Tonneaux.	Tonneaux.	Tonneaux.	Tonneaux.	Tonneaux.
Amsterdam	64	8483	301 3/4	15	82	2860
Rotterdam	58	3522 1/2	184 3/4	19 3/4	10	720
Dorth	1	97 1/4	12	"	"	"
Middelbourg	3	528	4 1/2	"	"	"
Groningue	3	335	9 1/2	"	35	32
Emden	2	175 1/2	32	"	"	"
Leer	3	162 3/4	102 1/2	"	29	40
Norden	1	53	5 1/2	"	33	"
Halte	4	90 1/2	231 1/2	1 1/2	31	37
Jevern	1	28 1/2	56 1/2	2	1	"
Hambourg	"	"	"	"	"	"
Bremen	"	"	"	"	"	"
Lubeck	"	"	"	"	"	"
Stettin	31	1576	4107 1/4	50 1/2	50	837
Dantzick	18	283 1/2	1894	48 1/2	27	173
Fœnisberg	8	163	740 1/4	25 3/4	7	133
Rostock	2	114 3/4	170	19 1/2	4	2
Elbing	1	17 1/2	84	4	4	"
Fétersbourg	17	958 1/2	1243 1/4	40 1/2	597	890
Riga	5	210 1/2	527 1/2	29	57	137
Revel	1	51 1/2	66 1/2	"	1	34
Stockolm	5	205	71 1/2	28 1/2	2	232
Gottembourg	1	13	1 1/2	"	9	44
Stralsund	1	107 3/4	52	"	"	8
Malmoe	"	5	10	"	"	85
Coppenhague	21	1588	366	14 1/2	145	708
Elseneur	1	37 1/2	17	"	62	9
Kiel	1	71 1/2	62 1/2	"	12	11
Rauders	2	55	20 1/2	14 1/2	4	16
Flensbourg	4	404 1/4	211 1/2	24	31	32
Tondern	1	39	"	2	4	1
Aalberg	3	22 1/2	53 1/2	9 1/2	36	8
Bergen	2	112 1/2	98 1/2	11 1/2	38	37
Drumptheim	5	84	42 1/2	6 3/4	130	33
Christiania	1	105 1/2	31 1/2	16 1/2	146	19
Christiansand	2	52 1/2	8 1/2	5 1/2	17	12
Friederichhall	1	76 3/4	13 1/4	2	19	6
Dramen	"	44 1/2	5	4	9	25
Porsgrund	1	49 1/2	6 1/2	4 1/2	32	4

NOMS DES PAYS.	NAVIRES.	VIN ROUGE.	VIN BLANC.	VINAIGRE.	EAU-DE-VIE.	MARCHANDIS.*
		Tonneaux.	Tonneaux.	Tonneaux.	Tonneaux.	Tonneaux.
HOLLANDE	99	12365 1/2	512 1/2	35 3/4	127	3612
FRIESE	11	510 1/4	407 3/4	7 1/2	94	77
HAMBOURG	53	2945	3433 3/4	40	519	5297
BREMEN	49	1475	6905	112 1/2	119	1646
LUBECK	27	2203 1/2	2007 1/2	165 1/4	275	649
PRUSSE	60	2154 3/4	6995 3/4	123 3/4	88	1145
RUSSIE	23	1220 1/2	1637	79	455	1081
SUÈDE	8	330 3/4	134 1/2	37 1/4	11	369
DANNEMARCK	31	2017 1/2	738 1/2	197	294	785
NORWÈGE	13	504 1/2	205	50	400	136
ENSEMBLE	374	25727 1/4	23577 1/2	848 1/2	2382	14797

4

Expéditions faites depuis le 20 Septembre 1803, jusqu'au 20 Septembre 1804.

NOMS DES VILLES.	NAVIRES.	VIN ROUGE.	VIN BLANC.	VINAIGRE.	EAU-DE-VIE.	MARCHANDIS.
		Tonneaux.	Tonneaux.	Tonneaux.	Tonneaux.	Tonneaux.
Amsterdam	11	1559	98 1/2	14	10	228
Rotterdam						
Emden	10	1292 3/4	164 1/2	22 1/2	12	95
Leer	9	978 1/4	557 1/4	17 1/2	84	464
Halte	2	157	101	5	"	6
Hambourg	2	63	248 1/4	1 1/2	2	5
Bremen	"	"	"	"	"	"
Lubeck	"	"	"	"	"	"
Stettin	42	1477	4510	56 1/2	107	2349
Dantzick	12	191 1/2	1699	55 1/2	19	202
Kœnisberg	8	142 1/2	999 3/4	30 1/4	4	244
Stolp	1	15 3/4	73	1	"	10
Rostock	3	182	257	12	4	53
Stockolm	7	461 1/2	140 1/2	67 1/2	8	55o
Gothembourg	4	179 3/4	27 1/4	31 1/2	204	66
Carlskroon	1	7 3/4	4 1/2	2	"	19
Stralsund	2	160 3/4	88	6	27	26
Copenhague	19	1892	419 3/4	195 1/2	497	639
Elsineur	2	87	11	31 1/2	190	11
Randers	2	90 3/4	65 1/4	8 1/2	40	12
Flensbourg	5	430 1/2	292 3/4	50	194	76
Tondern	3	21 1/2	23 1/4	1	11	"
Aalborg	3	60 1/2	40	7 1/4	86	26
Husum	7	242	151	9 1/4	29	26
Sunderburg	1	45	10 1/2	2	12	8
Bergen	1	27 1/2	35 3/4	"	15	2
Drontheim	1	32 1/2	19	1 3/4	62	22
Christiana	3	128 1/2	27 1/2	18 1/2	380	67
Christiansand	2	29	5	3 1/4	107	19
Friederichstadt	3	125	36	10 1/4	166	25
Friederichshall	1	15	6	2	213	8
Dramen	3	90 1/2	14	2 3/4	359	43
Porsgrund	1	62 3/4	4	"	72	9
Pétersbourg	20	1449 3/4	744 1/2	90 1/2	401	1412
Riga	4	232 1/4	487 1/2	12 1/4	29	119

NOMS DES PAYS.	NAVIRES.	VIN ROUGE.	VIN BLANC.	VINAIGRE.	EAU-DE-VIE.	MARCHANDIS.
		Tonneaux.	Tonneaux.	Tonneaux.	Tonneaux.	Tonneaux.
HOLLANDE	21	2851 3/4	262 3/4	36 1/2	22	323
FRIESE	13	1198 1/4	706 1/2	24	86	475
HAMBOURG	43	1029	6384	138	151	758
BREMEN	24	1082 3/4	3052 1/4	68	224	1093
LUBECK	40	2830 1/2	3824 1/4	203	581	1594
PRUSSE	66	2008 1/4	7533 3/4	155 1/4	134	2838
SUÈDE	14	809 3/4	260 1/2	106 1/4	239	461
DANNEMARCK	40	2869 1/4	993 1/2	304 3/4	1059	798
NORWÈGE	15	508 1/2	147 1/4	57 1/2	1374	186
RUSSIE	24	1682 1/4	1231 3/4	103	430	1531
ENSEMBLE	3oo	16870 1/4	24396 1/4	1216 1/4	4300	10057

Expéditions faites en 1821, 1822 et 1823, pour le Nord de l'Europe.

NOMS DES VILLES (1).	1821.		1822.		1823.		NOMS DES PAYS.	1821.		1822.		1823.	
	NAVIRES.	TONNEAUX.	NAVIRES.	TONNEAUX.	NAVIRES.	TONNEAUX.		NAVIRES.	TONNEAUX.	NAVIRES.	TONNEAUX.	NAVIRES.	TONNEAUX.
Amsterdam	26	2777	51	6846	54	3774							
Rotterdam	16	1614	33	3449	48	2999							
Middelbourg	1	83	"	"	"	"							
Anvers	14	1935	16	3383	27	3544	HOLLANDE	67	7258	107	14326	103	11441
Gand	4	515	"	"	"	"							
Ostende	6	534	5	485	"	"							
Bruxelles	"	"	2	192	1	112							
Groningue	"	"	"	"	1	57							
Hambourg	59	7554	52	5461	49	7913	HAMBOURG	59	7534	52	5461	49	7913
Bremen	19	3259	21	3889	38	6646	BREMEN	19	3259	21	3889	38	6646
Lubeck	5	677	10	1524	18	2819	LUBECK	5	677	10	1524	18	2819
Stettin	22	2884	17	2353	15	1689							
Kœnisberg	5	610	7	495	5	451	PRUSSE	56	4752	27	5584	26	2742
Dantzick	5	854	3	512	6	602							
Stralsund	4	436	2	191	"	"							
Pétersbourg	27	5817	19	2291	13	1552							
Riga	8	980	5	686	4	340	RUSSIE	35	4797	24	3266	17	1892
Stockholm	3	245	4	525	5	283	SUÈDE	3	245	9	655	10	719
Christiana	"	"	5	500	7	436							
Rostock	3	590	4	453	5	689	MECKLEMBOURG	3	590	4	473	5	689
Emden	5	290	2	398	9	659	HANOVER	5	290	7	578	9	659
Copenhague	8	879	7	896	14	1668	DANNEMARCK	8	879	8	976	15	1776
Flensbourg	"	"	1	120	"	"							
Altona	"	"	"	"	1	108		220	30074	249	34504	290	37296

(1) Pour ne pas augmenter le nombre des villes ci-dessus, j'ai compris dans l'importation de la principale ville maritime de chaque pays, les envois peu considérables faits à d'autres villes d'un rang secondaire.

Du 20 Sept. 1802, au 20 Sept. 1803.		Du 20 Sept. 1803, au 20 Sept. 1804.	
Vin	49,304 1/4 tonn.	Vin	46,207 tonn.
Vinaigre	848 1/4 —	Vinaigre	5,216 3/4 —
Eau-de-vie	2,584 —	Eau-de-Vie	1,360 —
Total	52,535 1/4 tonn.	Total	46,783 3/4 tonn.
Marchandises	14,797 —	Marchandises	10,057 —
Par 574 navires	67,332 1/4 tonn.	Par 300 navires	56,840 3/4 tonn.

IL A ÉTÉ EXPORTÉ :

Pour le Nord de l'Europe, en 1821, par 220 navires, 30,074 1/4 tonneaux, dont 1/6.me de marchandises.
— Idem. 1822, » 249 idem. 34,504 — idem.
— Idem. 1823, » 290 idem. 37,297 — de vin.
— L'Angleterre..... idem, ... 799 1/4 — et 897 1/4 caisses de vin (1).
— L'Irlande..... idem, ... 199 1/4 — 257 idem.
— L'Ecosse..... idem, ... 59 — 316 idem.

(1) Chaque caisse contenant soixante-douze bouteilles.